슈퍼커패시터: 원리 및 재료

Supercapacitors: Principles and Materials

슈퍼커패시터: 원리 및 재료
Supercapacitors: Principles and Materials

지은이 이병민, 최재학, 장형석, 김은경
발행일 2020년 3월 1일 **발행인** 이진숙
펴낸곳 충남대학교출판문화원 **주소** 대전광역시 유성구 대학로 99
전화 042-821-6045 **홈페이지** http://www.cnupress.co.kr **E-mail** cnupress@cnu.ac.kr

ISBN 979-11-6503-008-7 93560
정가 10,000원

본 교재는 2016년도 산업통상자원부의 재원으로 한국에너지기술평가원(KETEP)의 지원을 받아 수행한 '미래시장 선점을 위한 LIB 음극 기술리더 양성 고급 트랙'의 지원으로 제작되었음.

슈퍼커패시터: 원리 및 재료

Supercapacitors: Principles and Materials

이병민, 최재학, 장형석, 김은경

충남대학교출판문화원

머리말

에너지 저장 및 변환 기술은 최근 세계적으로 주목받고 있는 전기자동차와 일상생활, 우주산업 등 방대한 영역에서 사용하고 있는 핵심기술로써 에너지 저장 및 변환 기술에 대한 기대는 미래의 국가 경쟁력이라고 단호히 말할 수 있는 바이다. 그러나 에너지 저장 및 변환 기술의 큰 축인 슈퍼커패시터의 경우 미국, 일본 등 선진국들에서 간혹 출판되는 경우는 있지만, 내용이 출판된 연구 논문들의 요약이 대부분이어서 피상적인 경우가 많은 단점이 있고 안타깝게도 기초 원리나 응용 등에 대한 체계적이고 합리적인 교재는 국내에서는 찾아볼 수 없는 실정이다.

본 교재의 전체적인 구성은 많은 고민과 토론을 거쳐 서론에서 슈퍼커패시터에서 일어나는 반응의 기초를 다루고 본론에서는 전극 재료, 전해질, 집전체, 바인더, 분리막 등 핵심 소재에 대한 구조와 성질 및 이들의 반응 등을 다루었으며 이중 고분자공학 전공자들의 심층 학습을 유도하기 위하여 성능 평가, 전극 재료, 전해질 등에 대한 내용을 기술하였다.

본 교재는 슈퍼커패시터의 기초 이론 및 재료에 대하여 독자들에게 이해를 증진하기 위한 목적으로 기술하여 슈퍼커패시터에 대한 흥미를 느낄 수 있도록 하였다.

끝으로 본 교재를 출판하는 데 있어 미흡한 부분은 많은 지도를 받아 수정 및 보완해 나가도록 할 예정이며, 본 교재가 출판되기까지 수고해주신 여러분들에게 심심한 사의를 표하는 바입니다.

2020년 2월

이병민, 최재학, 장형석, 김은경

목 차

슈퍼커패시터 개론

슈퍼커패시터용 재료

슈퍼커패시터 개론

1. 기초 원리와 주요변수

1.1. 기초 원리

슈퍼커패시터(supercapacitor)는 출력 밀도(power density, W/kg)가 높고 에너지 밀도(energy density, Wh/kg)가 낮은 특성을 가지는 재래식 커패시터와 에너지 밀도가 높고 출력이 낮은 이차전지의 단점을 보완하기 위하여 고출력과 적절한 에너지 밀도를 가지는 에너지 저장 장치이다. 빠른 충전 속도와 반영구적인 수명을 장점으로 고출력이 필요한 응용 분야에 사용하거나 이차전지와 하이브리드화 하여 고성능 에너지 저장 장치로 주목을 받고 있다. 여러 가지 에너지 저장장치의 출력 밀도와 에너지 밀도의 관계를 Ragone plot으로 나타내었다(그림 1).

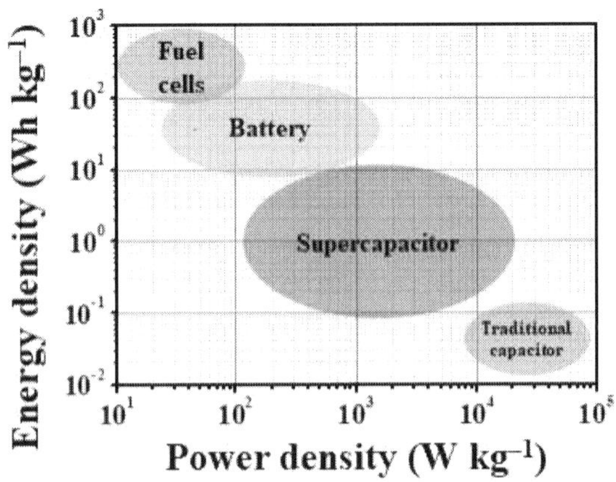

그림 1. 에너지 저장 장치 Ragone plot.

슈퍼커패시터는 고분자 등으로부터 제조된 활성탄소 또는 금속 산화물 등의 첨단 신소재의 발달과 더불어 1990년대부터 세계 각국이 경쟁적으로 개발하고 있다. 현재 연구되고 있는 슈퍼커패시터는 전기 이중층 커패시터(electric double layer capacitor, EDLC), 유사커패시터(pseudocapacitor) 또는 레독스 커패시터(redox capacitor), 그리고 하이브리드 커패시터(hybrid capacitor) 등 총 세 가지 종류로 분류할 수 있다(그림 2). 전기 이중층 커패시터는 활성탄소와 같이 비표면적이 크고 기공이 잘 발달한 재료를 전극의 활물질로 사용하고 전기 이중층 원리에 의하여 전해질의 이온이 축적되는 전하의 양을 극대화하여 재래식 커패시터의 비축전용량(specific capacitance)을 향상한 것이다. 유사커패시터는 전위 차이에 따른 산화/환원 반응의 전하량이 비례하여 축전하는 커패시터를 말한다. 유사커패시터 전극의 활물질은 전이금속산화물, 전도성 고분자 등을 많이 사용하는데 전기 이중층 커패시터보다 에너지 밀도가 적게는 10배에서 많게는 100배에 이른다. 이러한 유사커패시터의 높은 에너지 밀도는 비패러딕(non-Faradic) 반응에 기초하는 전기 이중층 커패시터와는 달리 가역성을 가지는 redox 반응인 패러딕(Faradic) 반응을 이용하기 때문이다. 마지막으로 하이브리드 커패시터는 앞서 언급한 두 가지 커패시터의 전극 활물질을 이용한 것으로 높은 출력 밀도와 에너지 밀도를 구현하기 위하여 각각 전기 이중층 커패시터 전극 활물질인 탄소와 유사커패시터 전극 활물질인 금속 산화물 등을 사용하여 제조된다.

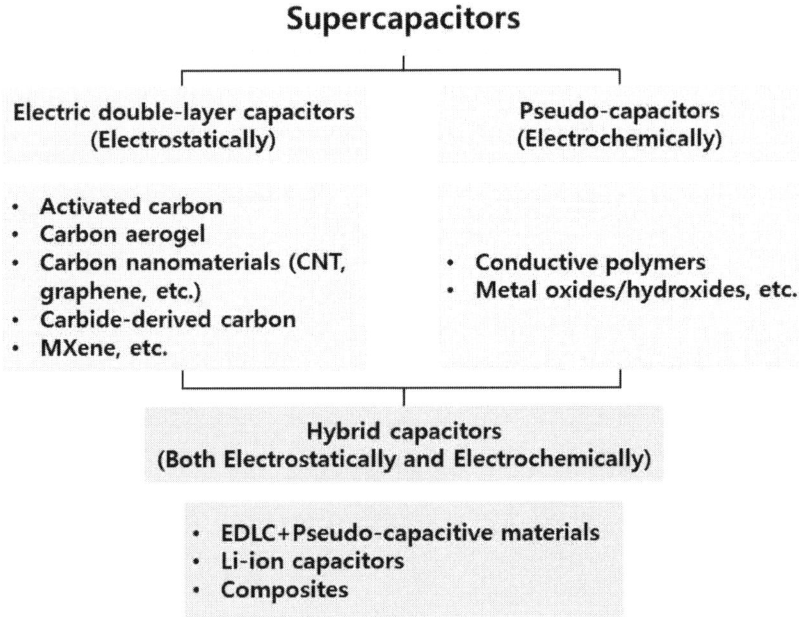

그림 2. 슈퍼커패시터 종류.

19세기 후반에 헬름홀쯔(Helmholtz)는 특정 전위에서 전극과 전해액의 경계에서 이온과 전하가 정전기력에 의하여 서로 당기는 상태가 되면 전기 이중층(electric double layer)이 형성되어 전기에너지를 저장한다는 이론을 발표하였다. 전기 이중층 이론에 따르면 양극과 음극으로 이루어진 전극에 전압을 가할 때 발생한 전기장을 따라서 전해액의 양이온과 음이온이 반대 극성의 방향으로 이동하여 전극의 표면에 이온이 달라붙는다(그림 3). 이때 전극의 표면에 양(+) 극성을 띤 전기적인 층(양이온 층)과 전극 표면에 붙은 이온들에 의한 음(-) 극성의 전기적인 층(음이온 층)으로 2개의 전기적인 층이 형성된다는 것으로 쉽게 설명할 수 있다. 반대로 방전하는 경우는 양극과 음극이 도선으로 연결되어 있는 상태이므로 충전 시 전극표면에 층을 이루고 있던 전하들이 도선을 따라 이동하게 되고 두 전극 사이의 전위차가 유지되지 않으므로 전기장의 세기가 점점 약해져서 전극 표면을 경계로 하여 형성되었던 전기 이중층은 소멸하게 된다. 전극 재료로써 활성탄소를 사용하게 되면 활성탄소의 표면에 발달된 기공(pore)들에 의하여 이온들이 붙을 수 있는 비표면적(specific surface area)을 훨씬 크게 할 수 있게 되고 결과적으로 전기 이중층으로 축전할 수 있는 전하량을 획기적으로 증가시킬 수 있다.

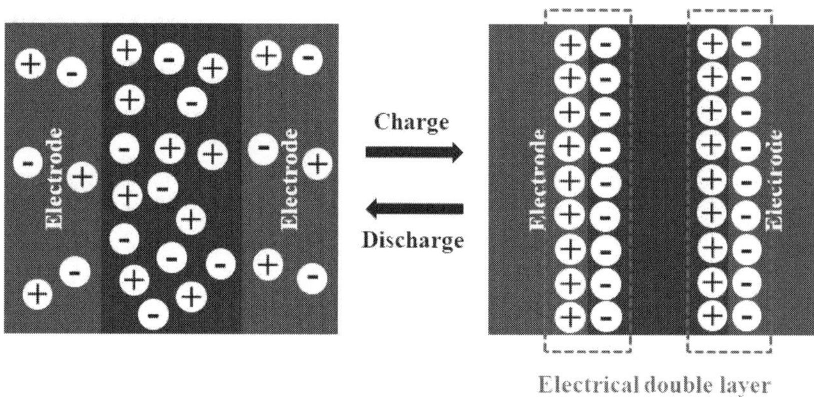

그림 3. 슈퍼커패시터 충방전 원리.

1.2. 주요 변수

축전용량(capacitance, C)은 전압의 변화에 따라 저장되는 전하량으로 일반적으로 슈퍼커패시터의 용량을 평가하는 데 사용된다. 일반적으로 전극 재료의 고유 축전용량은 비축전용량(specific capacitance, Cs)이라고 하며 측정한 축전용량을 전극 재료의 질량(중량 축전용량, F/g), 면적(면적 축전용량, F/cm^2), 길이(선형 축전용량, F/cm), 부피(체적 축전용량; F/cm^3)에 따라 슈퍼커패시터의 성능을 평가할 수 있다. Cs의 값은 loading level(전극의 단위 면적당 활물질의 질량), 치수, 활물질의 두께, 전극 밀도(집전체의 단위 부피당 활물질의 양), 전해질의 종류 등과 같은 여러 요인에 의해 영향을 받을 수 있다. 그러므로 슈퍼커패시터의 성능을 향상시키기 위해서는 이러한 여러 가지 요인의 최적화가 필요하다.

출력 밀도(power density, W/kg)와 에너지 밀도(energy density, Wh/kg)는 모든 에너지 저장 및 변환 시스템에서 저장 또는 방출되는 전기 에너지의 양으로서 제조한 전극의 실제 응용하기 위하여 가장 중요한 변수이다. 출력 밀도와 에너지 밀도의 값은 축전용량과 작동 전위 창(potential window)에 크게 의존한다. 출력 밀도와 에너지 밀도를 향상하기 위해서는 효율적인 전극 재료를 개발하고 전극 구성(asymmetric SC, hybrid SC, Li ion capacitor 등)의 다양화를 통한 연구가 필요하다. 전위 창(potential window)은 슈퍼커패시터가 안전하게 작동할 수 있는 범위의 전압으로서 슈퍼커패시터의 전해질의 용매(수계와 비수계)의 특성에 크게 의존한다. 전위 창은 cyclic voltammogram(CV)과 galvanostatic charge/ discharge(GCD)의 두 가지 분석을 이용하여 최적화할 수 있는데 수계 전해질의 경우 물의 전기분해 전위인 1.23 V로 인하여 전위 창은 1 V로 제한되는 반면에 비수계 전해질의 전위 창은 2.3–2.7 V이고 최근에 연구되고 있는 이온성 액체(ionic liquid)를 전해질로 사용할 경우 최대 4 V정도의 전위 창에서 슈퍼커패시터를 작동할 수 있다.

2. 슈퍼커패시터 성능 평가

2.1. 3-전극 셀 시스템(three-electrode cell system)

전자 장치에 전원을 공급하기 위해 슈퍼커패시터는 다양한 형태로 구성된다(그림 4). 이러한 여러 가지 형태는 사용하는 전극 유형, 전해질 종류, 집전체, 분리막, 포장 재료와 같은 구성 요소에 따라 달라진다.

슈퍼커패시터의 테스트용 전기화학 셀(electrochemical cell)은 일반적으로 3-전극 또는 2-전극으로 구성된다. 3-전극 셀은 작업전극(working electrode), 기준전극(reference electrode), 상대전극(counter electrode)으로 구성된다(그림 5). 작업전극은 활물질을 포함하여 실제적인 반응을 보는 전극이고 기준전극은 작업전극에 걸리는 전위의 기준을 잡아주는 전극이며 상대전극은 보조전극이라고도 하며 전위가 걸리고 전류가 흐를 수 있게 도와주는 전극이다. 작업전극은 활물질, 도전재, 바인더를 용매와 함께 슬러리로 제조하고 이를 집전체에 도포하고 건조하여 제조한다. 상대전극은 일반적으로 백금(Pt)을 많이 사용하고 기준전극은 염 기반 수계 전해질은 Hg/HgO 전극, 산 기반 수계 전해질은 Ag/AgCl 전극을 사용한다. 또한 3-전극 셀을 이용한 전기화학적 성능은 수계 전해질 뿐만 아니라 비수계 전해질에서 평가가 가능하다. 이러한 3-전극 셀은 활물질을 포함하는 전극표면에서 산화/환원, 확산 등의 전기화학적 반응을 알 수 있다. 그러나 3-전극 셀을 사용하여 슈퍼커패시터 장치의 실제 축전용량, 에너지 밀도, 출력 밀도, 전력전달 효율을 정확하게 계산할 수는 없으며 단순히 전극 활물질의 전기화학적 성능평가에 적합하다.

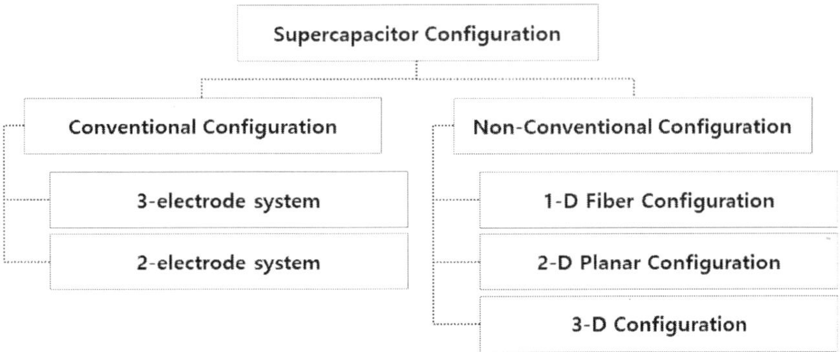

그림 4. 슈퍼커패시터의 구성 및 형태.

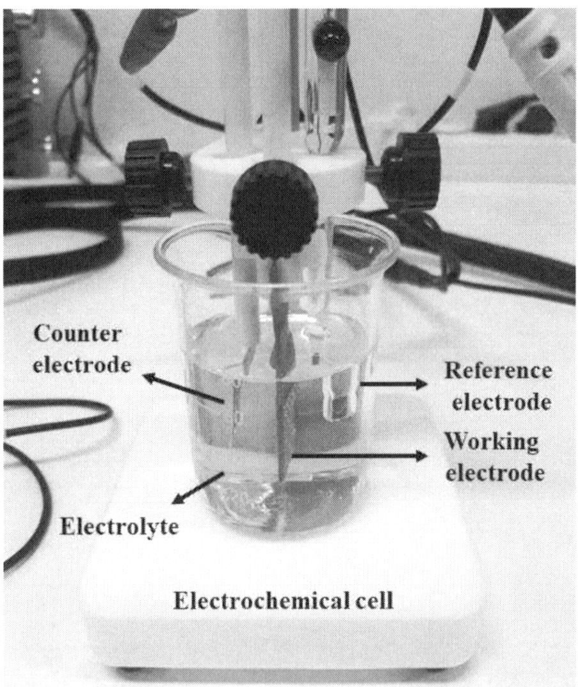

그림 5. 3-전극 전기화학 셀 구성.

2.2. 2-전극 셀 시스템(two-electrode cell system)

2-전극 셀 시스템은 3-전극 셀 시스템과 달리 두 개의 작업전극, 전해질, 분리막, 포장재로 구성되어 있다. 활물질은 니켈, 금, 스테인리스 등의 호일에 도포(코팅)하여 작업전극을 제조한다. 일반적으로 기준전극은 사용되지 않으나 경우에 따라 셀의 충방전 시 실제 전위를 측정하기 위하여 슈퍼커패시터에 삽입하여 사용하기도 한다. 2-전극 셀 시스템은 슈퍼커패시터의 proto-type을 모방한 것으로 3-전극 셀 시스템에서 측정할 수 없는 실제 축전용량, 에너지 밀도, 출력 밀도를 알 수 있다. 이러한 2-전극 셀 시스템은 Swagelok 유형, 나사와 코인셀이 있는 금속판 유형 등의 형태로 제조하여 성능평가를 할 수 있다(그림 6). 이상의 2-전극과 3-전극 셀 시스템 유형은 전위 범위와 전하 이동 반응은 완전히 다르며 그림과 같은 CV 곡선에서 확인할 수 있다(그림 7).

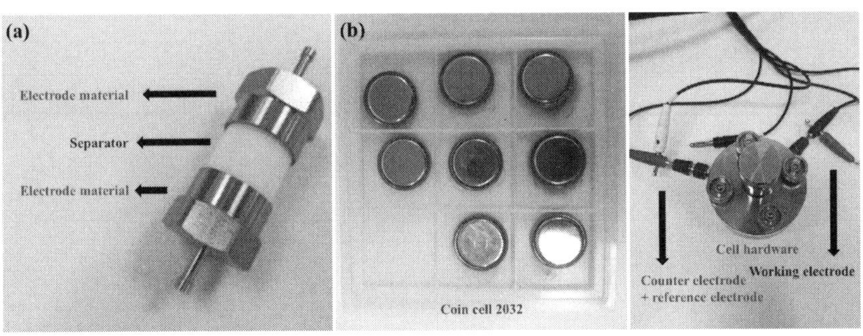

그림 6. 2-전극 코인 셀 제조: (a) Swagelok 유형; (b) 코인셀 유형.

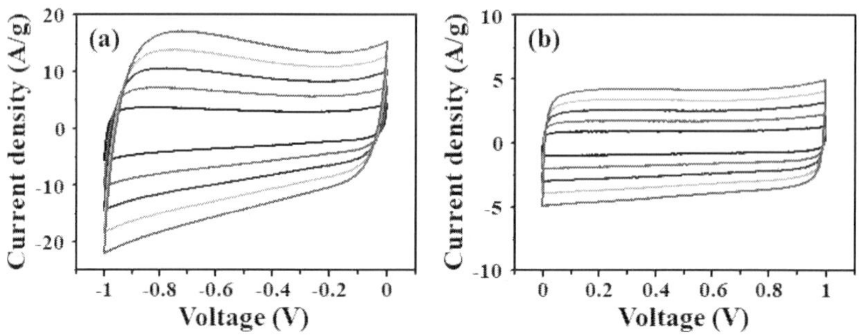

그림 7. (a) 3-전극 셀과 (b) 2-전극 셀에서 측정한 CV 곡선.

슈퍼커패시터는 사용한 전극 활물질과 전하 저장의 메커니즘을 기반으로 (1) 전기 이중층 커패시터(EDLC), (2) 유사커패시터 및 (3) 하이브리드 커패시터로 분류할 수 있다. 일반적으로 탄소재료(활성탄, 그래핀, 환원 그래핀 산화물, 탄소나노튜브 등)는 정전기적(electrostactically)으로 전극표면에서 이온의 가역적/물리적 축적에 의하여 전하를 저장하는 EDLC에 사용된다. 전하의 분리는 이중층을 형성하는 전극/전해질 계면에서 분극화(polarization)에 의해 이루어진다. 또한 전극 표면에 전하를 띤 이온이 축적되어 전해질에서 확산층이 형성된다. EDLC의 전하 저장은 이차전지와 다르게 완전히 전극의 표면에서 전하를 축적하기 때문에 더 큰 출력의 전달(power delivery)이 가능하다. 그러므로 큰 비표면적을 가지고 계층적 다공성 구조의 전도성 물질이 EDLC의 이상적인 활물질이다. 다공성 활물질의 기공과 관련하여 몇몇 연구결과들은 비수계 전해질(organic electrolyte) 사용 시 전해질 이온의 크기보다 큰 2 - 5 nm 이상의 기공 크기를 가지는 탄소재료가 EDLC의 에너지 밀도와 출력 밀도의 향상에 적합하다고 발표하였고 결과적으로 다공성 활물질내 기공의 크기와 그 분포에 따라 전해질을 선택하고 분석해야 한다는 것을 의미한다.

EDLC는 탄소 표면에 대한 반대 이온(counter ion)의 상호 작용 방식에 따라 endohedral 커패시터와 exohedral 커패시터로 분류된다. Endohedral 커패시터의 경우 반대 이온이 기공에 들어가서 이중층을 형성하고 이러한 유형의 전하 축적은 활성탄, templated 탄소와 같은 음각 표면 곡률(negative surface curvature)을 갖는 나노 다공성 탄소를 활물질로 사용한다. Exohedral 커패시터의 경우 이온이 탄소 입자의 외부 표면에 있는 것을 관찰할 수 있고 탄소 나노 튜브, 탄소 나노 섬유 등과 같은 양각 표면 곡면(positive curved surface)을 가진 탄소 재료가 활물질로 사용된다. 이와 달리 그래핀의 경우에는 곡률이 0이므로 두 가지 종류의 커패시터에 해당되지 않는다.

유사커패시터의 경우 가역적 redox 반응(electrolytic reactions)을 통하여 전하를 저장한다. 유사커패시터는 금속 산화물, 황화물, 질화물, 혼합 금속 산화물, 전도성 고분자와 같은 산화/환원 활성 물질 및 탄소 물질과의 복합물을 활물질로 전극을 제조한다. 이러한 유사커패시터는 EDLC에 비해 축전용량이 더 높지만 배터리와 같은 산화/환원 반응으로 인해 사이클 안정성이 좋지 않다.

또한 두 개의 전극이 같은 활물질(탄소 또는 산화/환원 물질)을 사용하는 커패시터는 대칭형 슈퍼커패시터(symmetrical supercapacitor)라고 하는데 이러한 대칭형 슈퍼커패시터는 작동은 우수하나 수계 전해질 사용 시 물의 전기분해나 탄소의 산화 때문에 1 V 정도에 불과한 전위창을 가지고 있으므로 에너지 밀도가 낮다. 비대칭 슈퍼커패시터의 에너지 밀도를 향상하기 위해서는 (1) 새로운 전극 재료의 개발, (2) 비수계 또는 이온성 액체 전해질의 사용, (3) 탄소와 산화/환원 활성 물질의 복합 활물질 사용으로 증가시킬 수 있다.

이러한 대칭형 슈퍼커패시터의 단점을 보완한 비대칭 슈퍼커패시터(asymmetrical supercapacitor)가 1990년대 말에 개발되었다. 비대칭 슈퍼커패시터는 상호보완적인 전위 창을 가진 비패러딕 EDLC 전극을 출력 밀도용, 패러딕 유사커패시터 전극을 에너지 밀도용으로 사용하고 전하는 electrostatic 과 electrolytic reaction의 메커니즘에 따라 저장된다. 이러한 하이브리드 슈퍼커패시터는 (1) 유사커패시터 전극 재료와 탄소 기반 재료의 조합, (2) 리튬 삽입 전극과 탄소 기반 재료의 두 가지 구성으로 연구되고 있다. 이 중 두 번째는 리튬 이온 커패시터로 사용되며 주로 리튬의 이온화가 가능한 금속 산화물(PbO_2, NiOH 등)전극과 탄소 전극으로 구성된다. 이러한 구성은 전위 창의 범위를 넓힐 수 있으므로 기존 EDLC에 비해 에너지 밀도를 2-3배 이상 향상시킨다.

2.3. 슈퍼커패시터 성능의 분석과 평가

슈퍼커패시터는 일반적으로 순환 전압 전류(cyclic voltammetry, CV) 방법과 정전류 충전/방전(Galvanostatic charge/discharge, GCD) 방법을 이용하여 분석과 평가를 한다. 슈퍼커패시터의 성능은 순수 축전용량, 전위 창, 등가 직렬 저항(equivalent series resistance, ESR)을 분석하여 평가할 수 있다. 순수 축전용량은 3-전극 셀 시스템이 아닌 2-전극(대칭, 비대칭, 하이브리드 전극 구성) 셀 시스템에서 얻을 수 있는 실제 축전용량을 말한다. 반면에 3-전극 셀 시스템은 작업전극의 특성과 전위 창을 밝히는 데 중요한 역할을 한다.

2.3.1. CV 분석

CV 분석 방법은 2-전극 또는 3-전극 셀 시스템의 작업전극에 선형으로 변화하는 전위를 순환적으로 가하면서 이에 따른 전류의 응답에 의하여 작업전극 표면과 부근에서 일어나는 활물질의 전기화학 반응과 최적화된 작동 전위 창을 알아보기 위하여 진행한다. 3-전극 셀 시스템의 CV 측정에서 전위는 주사속도(scan rate)라고 하는 초당 가해지는 전위의 변화를 통해 슈퍼커패시터에서 발생하는 전하의 저장에 관한 정보를 수집하여 전기 이중층에 의한 축전용량과 유사축전용량에 의한 구별이 가능하다. CV 측정 시 전위가 가해지면 초기에는 전류가 급격하게 증가하다가 일정하게 전류가 흐르고 한계 전위에 이르게 되면 전위의 감소를 막기 위하여 크기는 같으나 부호는 반대인 전류가 흐르게 된다. CV 및 GCD 분석 결과로부터 EDLC, 유사커패시터, Faradic 반응의 구별이 가능하다.

2.3.2. Step potential electrochemical spectroscopy

Step potential electrochemical spectroscopy(SPECS)는 전위 창의 변화 시 시간에 따른 전류의 변화로 전기화학 셀의 이중층 형성과 확산 제어에 의한 전하 저장 공정에 대한 정보를 얻을 수 있는 분석 방법이다. SPECS의 장점은 실제 전하 저장을 별개로 계산할 수 있으므로 전극 재료의 특성을 이해할 수 있다. SPECS 방법은 전위 단계를 적용할 때 시간에 따른 전류 응답을 측정하고 준평형 상태에 도달하도록 충분한 시간동안 같은 크기의 전위의 변화가 작업전극에 인가된다. 그러나 전위가 작업전극에 인가될 때 이중층 형성에 의한 충전에 비하여 속도가 느린 확산은 전극표면에 잔류 전하 또는 전류를 남긴다. 그러므로 SPECS 방법은 모든 충전 과정에 이중층, 확산, 패러딕 반응의 기여도를 알 수 있다.

2.3.3. GCD 분석

GCD 분석 방법은 슈퍼커패시터 또는 3-전극 시스템 셀의 단일전극의 연속적인 충전/방전이 실시된다. 전위는 정전류 조건에서 시간에 따라 전위가 변화하므로 CV와 비슷하게 IR drop, 이중층 형성과 패러딕 반응에 의한 전하 저장, 직렬 저항과 함께 전하 저장 프로세스에 관한 분석을 할 수 있다. 그러나 이 방법은 3-전극과 2-전극 구성에 적용할 경우 결과가 다르며 CV에서 전위가 변화하는 것과 다르게 슈퍼커패시터의 충전과 방전 과정 동안 정전류가 유지되기 때문에 전극 활물질의 슈퍼커패시터 특성을 평가하는 데 적합하다(그림 8).

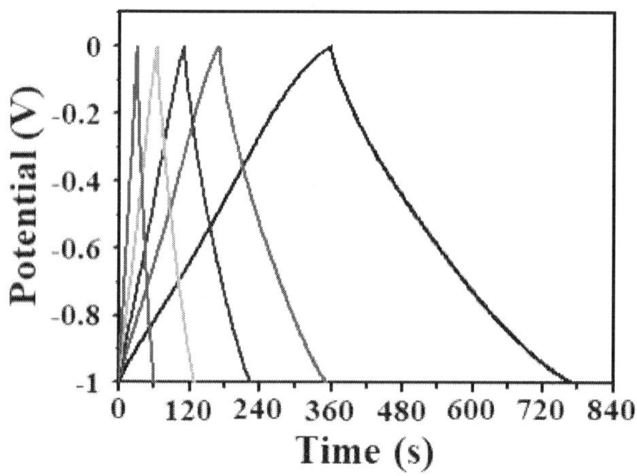

그림 8. 다공성 탄소 활물질 3-전극 전기화학 셀의 GCD curve.

2.3.4. 전기화학 임피던스 분광법

전기화학 임피던스 분광법(electrochemical impedance spectroscopy, EIS)은 선형성을 가지는 매우 작은 진폭의 교류 신호를 슈퍼커패시터에 적용하여 주파수 특성(frequency response)을 알아보는 분석방법이다. EIS는 주로 AC 라인 필터(line filtering)에 사용되어 왔으나 최근에는 전기화학 커패시터를 평가하는데 효과적으로 사용하고 있다. EIS를 통해 일반적으로 0.01 – 100,000 Hz의 주파수 범위에서 슈퍼커패시터의 위상각(phase angle)과 복소수 임피던스(complex impedance)를 테스트할 수 있다. EIS분석을 통하여 그림 9에서 볼 수 있듯이 Bode plot과 Nyquist plot을 얻을 수 있고 Bode plot은 phase angle과 주파수 사이의 관계를, Nyquist plot은 실수 임피던스(real impedance) 값과 허수 임피던스(imaginary impedance) 값을 알 수 있다. 슈퍼커패시터의 충전과 방전 시 EIS 분석을 통한 주파수 특성은 낮은 진폭 AC 신호에 의해 인가한 전위의 sweep rate의 중첩 때문에 나타난다. 그러므로 주파수 특성은 CV 측정 시 인가된 전위의 주사속도(sweep rate)와 직접적으로 연관된다. Bode plot은 작동중인 슈퍼커패시터의 주파수 특성을 계산하는 데 매우 효과적이다. 따라서 Bode plot을 통하여 특정 주파수에서 위상 응답(phase response)이 변화할 때 슈퍼커패시터 특성을 가지는지에 대한 여부를 알 수 있다.

EIS 분석은 슈퍼커패시터의 ESR 값을 계산하는 데 편리하다. 이렇게 얻은 ESR 값으로부터 정확한 슈퍼커패시터의 출력 밀도 값을 얻을 수 있다. 일반적으로 Nyquist plot을 사용하여 임피던스 스펙트럼을 세 가지 영역으로 구분할 수 있는데 높은 주파수 영역에서 나타나는 반원형 영역, 중간 주파수 영역에서 가로축 기준 45도 기울기를 가지는 Warburg 영역, 저주파 영역에서 나타나는 이중층 축전용량에 관계된 높은 기울기 값을 갖는 영역이 있다. 이러한 EIS의 영역은 대부분의 에너지 저장 시스템과 비슷하지만 배터리의 고체-전해질 계면(solid-electrolyte interphase, SEI)의 경우는 일반적인 주파수 범위 외에서 발생하는 경우도 있다. Nyquist plot에서 볼 수 있듯이 frequency response의 반원형 영역은 전극과 전해질 사이의 계면에서 생성된 전하 전달 저항(charge transfer resistance, Rct)을 나타내는데 Bode polt에서는 높은 주파수 영역에서 뾰족한 피크로 나타나는 경우도 있다. 와버그 임피던스(Warburg impedance)는 슈퍼커패시터 전극에서 발생하는 고체 상태 확산과 관련되어 나타나며 전해질의 농도 구배가 변하면 와버그 요소(Warburg element)가 X축 기준 급격한 45도 기울기를 만드는 것으로 EDLC의 경우 전해질의 농도 구배가 없기 때문에 Warburg impedance는 일반적으로 EDLC의 Nyquist plot에 나타나지 않는다. 또한, EDLC와 마찬가지로 Warburg impedance는 산화/환원 반응에만 의존하기 때문에 유사커패시터 전극에도 존재하지 않는다. EIS는 슈퍼커패시터의 출력 밀도를 얻기 위하여 필요한 ESR 값을 계산하는 데 사용된다. 이는 2-전극 측정과 3-전극 측정에서 모두 사용할 수 있으나 3전-극 측정에는 출력 밀도가 사용되지 않으므로 ESR 값은 2-전극 측정에 대해서만 평가해야 한다.

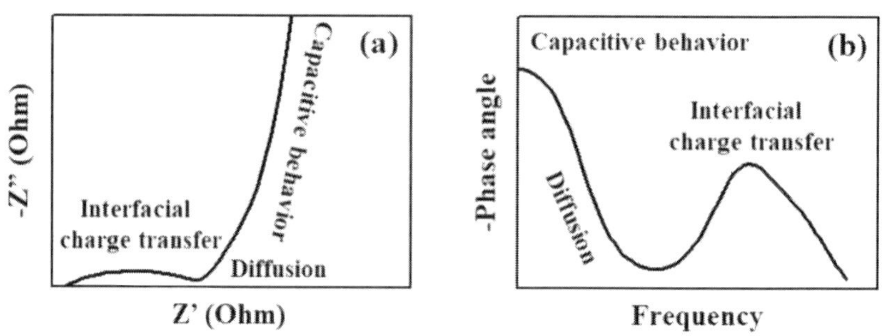

그림 9. (a) Nyquist and (b) Bode plots.

2.3.5. 이상적인 슈퍼커패시터

이상적인 슈퍼커패시터의 두 플레이트에서 발생하는 전위차(potential difference, V)는 저장된 전하에 비례하여 다음과 같은 식으로 표현할 수 있다. 여기서 Q는 쿨롱(암페어-초) 단위의 전하량, C는 capacitance, V는 전위차이다.

$$Q = C \times V$$

또한, 장치의 에너지와 전력은 다음 식으로도 표현할 수 있다. E는 Joule 단위의 에너지, P는 와트 단위의 전력, I는 암페어 단위의 전류를 말한다.

$$E = \frac{1}{2}V^2$$

$$P = V \times I$$

위의 두 식에서 알 수 있듯이 축전용량, 에너지, 전력과 같은 변수의 간단한 계산은 에너지 또는 전력 손실이 없고 전하가 무기한 기간 동안 저장된다는 가정을 가지는 이상적인 슈퍼커패시터의 경우이기 때문에 매우 간단하지만 이상적인 슈퍼커패시터는 실제로 존재하지 않으며 실제 슈퍼커패시터는 여러 가지 요인으로 인하여 손실이 있음을 감안해야 한다.

2.3.6. 작동 전위 창과 ESR

실제 슈퍼커패시터 작동 시 전위 창으로 인하여 전해질의 분해 또는 셀의 고장을 초래할 수 있으므로 적절한 전위 창 내에서만 작동해야 한다. 이러한 슈퍼커패시터의 전위 창은 전극표면의 저항, 전기접점 및 전해질저항 때문이다. 이러한 저항의 조합은 장치의 효과적인 직렬저항을 초래한다. 슈퍼커패시터를 ESR과 직렬로 결합하여 가장 간단한 모델 중 하나를 가정할 수 있고 전력 손실(P_{loss})은 다음과 같이 표현할 수 있다.

$$P_{loss} = I^2 \times ESR$$

전력 손실은 대부분 열로 전환되지만 ESR 값은 슈퍼커패시터의 전력을 계산하는 데 중요하다. 열 손실로 인해 전체 장치가 손상될 수 있다. 따라서 ESR 값은 슈퍼커패시터의 평가에 필수적이다.

2.3.7. 누설 전류(leakage current)

이상적인 슈퍼커패시터는 일정한 전위차를 유지하기 위해 추가 전류가 필요하지 않지만 실제 슈퍼커패시터는 일정한 전위차를 유지하기 위해 누설 전류(leakage current)가 필요하다. 누설 전류는 저장한 전하를 점진적으로 자체 방전하도록 슈퍼커패시터에 병렬로 연결된 저항으로 회로의 모델링을 할 수 있다. 이 저항은 패러딕 저항이라고 불리며 전위와 반비례한다. 누설 전류의 측정 방법은 DC 전위차를 슈퍼커패시터에 적용하고 전위차 값이 변하지 않는 데 필요한 전류를 측정하는 것이 있고 슈퍼커패시터를 최대 전위까지 충전하고 일정 시간 동안의 방전 시 전위 변화를 측정하는 것이 있다.

2.3.8. 축전용량 평가

앞서 언급한 바와 같이 2-전극과 3-전극 전기화학 셀에서 CV와 GCD시험에서 축전용량 평가를 수행 할 수 있다. 그럼에도 불구하고 2-전극과 3-전극 기반 전기화학 평기시험의 CV와 GCD plot은 전극 활물질에 따라 차이가 있을 수 있다. 2-전극 전기화학 셀은 실제 슈퍼커패시터 장치라고 할 수 있고 3-전극 전기화학 셀은 전하 저장에 대한 전극 활물질의 전기화학 특성만 측정하기 때문이다. 그러므로 2-전극 전기화학 셀의 CV와 GCD를 모두 측정하여 작동 전위 창을 최적화 할 수 있다.

비축전용량(specific capacitance), 에너지 밀도(energy density), 출력 밀도(power density)와 같은 값들은 2-전극 전기화학 셀로 측정하는 것이 옳으며 3-전극 전기화학 셀은 전극 활물질의 특성화만 고려해야 한다. 실제 슈퍼커패시터 장치의 총 축전용량(total capacitance, CT)은 다음과 같이 적용된 전위 및 충전 상태로 표현할 수 있다.

$$C_T = \frac{\Delta Q}{\Delta V}$$

이제 비축전용량은 위 식에 적절한 매개 변수(질량, 부피, 면적 또는 길이)를 곱하면 단위가 결정되고 다음과 같이 표현할 수 있다.

$$C_S = \frac{\Delta Q}{x\Delta V}$$

여기서는 x는 질량, 부피, 면적 또는 길이를 나타내는 매개 변수이며, 이에 따라 비축전용량은 각각 중량(gravimetric), 부피(volumetric), 면적(areal), 선형(linear) 축전용량으로 명명할 수 있다.

2.3.9. CV로부터 축전용량 계산

축전용량에 대한 계산은 CV 곡선 내면의 절대면적을 적분하여 구할 수 있다. 일반적으로 CV로부터 얻은 Cs로부터 축전용량은 다음과 같은 수식을 이용하여 구할 수 있다. 이 때 r은 주사속도(sweep rate)이다.

$$C_T = \frac{Absolute\ area\ under\ the\ CV\ curve}{Potential\ sweep\ rate \times 2 \times working\ potential\ window} = \frac{\int_0^{2V_0} I(V)dV}{2 \times r \times V_0}$$

위의 식에서 전극 또는 활물질의 질량을 정규화 매개 변수로 취하면 단일 전극 또는 단일 전극의 활물질의 질량이 m인 2-전극 기반 슈퍼커패시터에 대한 축전용량을 다음과 같이 계산할 수 있다.

$$C_s = \frac{C_T}{2m}$$

C_1과 C_2 두 개의 단자가 있는 슈퍼커패시터의 경우 축전용량은 직렬로 연결된 축전용량과 같기 때문에 다음과 같이 표현할 수 있다.

$$\frac{1}{C_T} = \frac{1}{C_1} + \frac{1}{C_2}$$

슈퍼커패시터의 전극이 대칭적(symmetric) 특성을 가진다고 가정하면 위 식은 다음과 같이 표현할 수 있고 이는 전극 재료의 구성과 무게가 같은 것을 의미한다(C_1=C_2=C).

$$\frac{1}{C_T} = \frac{2}{\mathrm{C}} \rightarrow C_T = \frac{\mathrm{C}}{2}$$

$$C_S = \frac{C_T}{2m} = \frac{1}{4}\frac{\mathrm{C}}{\mathrm{m}}$$

위 식에서 비축전용량(C_S)은 3-전극 전기화학 셀의 단일 전극일 경우 같은 재료를 구성하고 동일한 질량을 가질 때의 2-전극 전기화학 셀의 단일 전극보다 비축전용량이 4배 더 높을 수 있음을 의미한다. 그러나 앞서 언급한 바와 같이 2-전극과 3-전극 전기화학 셀 결과인 비축전용량의 비교는 정확하지 않고 2-전극 전기화학 셀의 결과가 실제 비축전용량이다.

2.3.10. GCD로부터 축전용량 계산

GCD 분석 결과로부터 축전용량을 계산하는 것은 CV 곡선에서 계산하는 것보다 간단하다. GCD 분석 결과는 정전류의 영향을 받는 시간의 함수로서 전위의 변화를 보여준다. 또한, GCD 분석에서 내부 저항(ESR)으로 인하여 발생하는 IR drop에 대한 정보를 알 수 있다. IR drop의 정확한 계산 방법은 방전에 해당하는 선을 외삽하고 순수한 전위 강

하만을 계산하는 것일 수 있다.

GCD 분석에서 계산할 수 있는 순수 축전용량(net capacitance)에 대한 표현은 다음과 같다.

$$C_T = \frac{I}{\frac{\Delta V}{\Delta t}} = \frac{I\Delta t}{\Delta V}$$

여기서 I는 슈퍼커패시터의 GCD 측정 시 적용되는 정전류이고 V/t는 방전에 해당하는 선의 기울기이다. 충전과 방전 시 ESR로 인한 IR drop은 불가피하므로 보다 정확한 방법은 위 식의 분모에서 IR drop에 해당하는 양을 제외하는 것이다.

GCD plot에서 계산할 수 있는 비축전용량은 중량일 경우 다음과 같다. 이 때 m은 전극 또는 전극 활물질의 무게이다.

$$C_S = \frac{I\Delta t}{m\Delta V}$$

2.3.11. 에너지 밀도

슈퍼커패시터의 에너지 밀도는 2-전극 전기화학 셀 시험의 GCD 시험 결과로부터 다음과 같은 식을 이용하여 구할 수 있다. C는 GCD 시험에서 얻는 두 개의 전극의 축전용량의 합이고 ΔV는 전위 창, 3.6은 h에 대한 상수이며 2-전극 전기화학 셀의 2개의 전극 중 한 개의 전극의 축전용량을 나타내기 위하여 2로 나누어준다.

$$\text{Energy density (Wh/kg)} = \frac{1}{2} \times \frac{C(\Delta V)^2}{3.6}$$

2-전극 전기화학 셀의 결과가 실제 에너지 밀도 결과와 일치하지만 2-전극 전기화학 셀 시험을 하지 못할 경우 3-전극 전기화학 셀에서도 계산이 가능하다. 그러나 2-전극 전기화학 셀의 결과로부터 계산하는 것이 실제 에너지 밀도이다. 3-전극 전기화학 셀 시험의 결과로부터 에너지 밀도는 C를 4로 나누고 에너지 밀도를 구하는 식과 같으므로 다음과 같이 표현할 수 있다.

$$\text{Energy density (Wh/kg)} = \frac{1}{2} \times \frac{1}{4} \times \frac{C(\Delta V)^2}{3.6}$$

2.3.12. 출력 밀도

슈퍼커패시터의 출력 밀도는 2-전극 전기화학 셀 시험의 GCD 시험 결과와 에너지 밀도로부터 다음과 같은 식을 이용하여 구할 수 있다. 위의 식에서 구한 에너지 밀도와 GCD 시험 결과에서 얻은 특정 전류밀도에서 방전 시간(Δt)을 이용하여 계산할 수 있으며 이러한 GCD 시험 결과로부터 계산하여 얻은 에너지 밀도와 출력 밀도의 관계를 나타낸 그래프를 Ragone plot이라고 한다(그림 10).

$$\text{Power density (W/kg)} = \frac{\text{Energy density}}{\Delta t \times 3600}$$

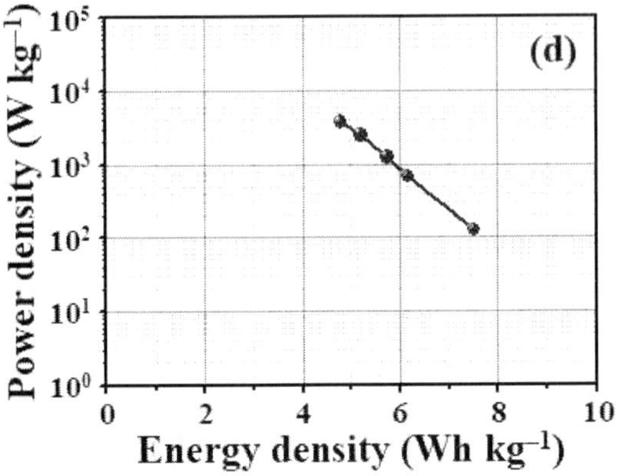

그림 10. Ragone plot.

참고문헌

1. Z.S. Iro et al., A brief review on electrode materials for supercapacitor, *Int. J. Electrochem. Sci.*, 11, 10628-10643 (2016).
2. Y. Zhang et al., Review of macroporous materials as electrochemical supercapacitor electrodes, *J. Mater. Sci.*, 52, 11201-11228 (2017).
3. N. Devillers et al., Review of characterization methods for supercapacitor modelling, *J. Power Sources*, 246, 596-608 (2014).
4. S. Faraji et al., The development supercapacitor from activated carbon by electroless plating-a review, *Renew. Sust. Energ. Rev.*, 42, 823-834 (2015).
5. R.A. Fisher et al., Functionalized carbon nanotube supercapacitor electrodes: a review on pseudocapacitive materials, *ECS J. Solid State Sci. Technol.*, 2, M3170-M3177 (2013).
6. G. Wang et al., A review of electrode materials for electrochemical supercapacitors, *Chem. Soc. Rev.*, 41, 797-828 (2012).
7. Y.B. Tan et al., Graphene for supercapacitor applications, *J. Mater. Chem. A*, 1, 14814-14843 (2013).
8. M. Zhi et al., Nanostructured carbon-metal oxide composite electrodes for supercapacitors: a review, *Nanoscale*, 5, 72-88 (2013).
9. L.L. Zhang et al., Carbon-based materials as supercapacitor electrodes, *Chem. Soc. Rev.*, 38, 2520-2531 (2009).
10. S. Bose et al., Carbon-based nanostructured materials and their composites as supercapacitor electrodes, *J. Mater. Chem.*, 22, 767-784 (2012).
11. J. Zhang et al., On the configuration of supercapacitors for maximizing electrochemical performance, *ChemSusChem*, 5, 818-841 (2012).
12. Y. Huang et al., An overview of the applications of graphene-based materials in supercapacitors, *Small*, 8, 1805-1834 (2012).
13. J.J. Vilatela et al., Nanocarbon composites and hybrids in sustainability: a

review, ChemSusChem, 5, 456-478 (2012).

14. C. Zhong et al., A review of electrolyte materials and compositions for electrochemical supercapacitors, *Chem. Soc. Rev.*, 44, 7484-7539 (2015).
15. N. Devillers et al., Review of characterization methods for supercapacitor modelling, *J. Power Sources*, 246, 596-608 (2014).
16. M. Conte, Supercapacitors technical requirements for new applications, *Fuel Cells*, 10, 806-818 (2010).
17. A. Chandra, Supercapacitors: an alternate technology for energy storage, *Proc. Natl. Acad. Sci. Sect. A Phys. Sci.*, 82, 79-90 (2012).
18. Sarkar et al. 2018 et al., Review of characterization methods for supercapacitor modelling, *J. Power Sources*, 246, 596-608 (2014).
19. Wang et al., Interconnected carbon nanosheets derived from hemp for ultrafast supercapacitors with high energy, *ACS Nano*, 7, 5131-5141 (2013).
20. Chang et al., Paper-like N-doped graphene films prepared by hydroxylamine diffusion induced assembly and their ultrahigh-rate capacitive properties, *Electrochim. Acta*, 115, 461–470 (2014).
21. Wei et al., Synthesis of free-standing carbon nanohybrid by directly growing carbon nanotubes on air-sprayed graphene oxide paper and its application in supercapacitor, *J. Solid State Chem.*, 224, 45–51 (2015).
22. Chen et al., Nitrogen-doped porous carbon prepared from urea formaldehyde resins by template carbonization method for supercapacitors, *Ind. Eng. Chem. Res.*, 52, 10181-10188 (2013).
23. Kim et al., Extremely durable, flexible supercapacitors with greatly improved performance at high temperatures, *ACS Nano*, 9, 8569-8577 (2015).
24. Song et al., Effects of nanoparticle geometry and size distribution on diffusion impedance of battery electrodes, *J. Electrochem. Soc.*, 160, A15-A24 (2013).
25. Krishnamoorthy et al., Titanium carbide sheet based high performance wire type solid state supercapacitors, *J. Mater. Chem. A*, 5, 5726-5736 (2017).
26. Shuai et al., Wettability of vertically-oriented graphenes with different intersheet distances, *RSC Adv.*, 7, 2667-2675 (2017).
27. Dubal et al., Asymmetric supercapacitors based on reduced graphene oxide

with different polyoxometalates as positive and negative electrodes, *ChemSusChem*, 10, 2742-2750 (2017).

28. B.M. Lee et al., Cellulose non-woven fabric-derived porous carbon films as binder-free electrodes for supercapacitors, *Cellulose*, 26, 4529-4540 (2019).
29. M.D. Stoller et al., Best practice methods for determining an electrode material's performance for ultracapacitors, *Energy Environ. Sci.*, 3, 1294-1301 (2010).
30. Y. Gogotsi et al., True performance metrics in electrochemical energy storage, *Science*, 334, 917-918 (2011).
31. E. Frackowiak, Carbon materials for supercapacitor application, *Phys. Chem. Chem. Phys.*, 9, 1774-1785 (2007).
32. L. Zhang et al., A review of supercapacitor modeling, estimation, and applications: A control/management perspective, *Renew. Sust. Energ. Rev.*, 81, 1868–1878 (2018).
33. N. Devillers et al., Review of characterization methods for supercapacitor modelling, *J. Power Sources*, 246, 596-608 (2014).
34. A. Borenstein et al., Carbon-based composite materials for supercapacitor electrodes: a review, *J. Mater. Chem. A*, 5, 12653-12672 (2017).
35. S. Najib et al., Current progress achieved in novel materials for supercapacitor electrodes: mini review, *Nanoscale Adv.*, 1, 2817-2827 (2019).
36. C.H. Ng et al., Potential active materials for photo-supercapacitor: A review, *J. Power Sources*, 296, 169-185 (2015).
37. Z. Yang et al., Carbon nanotube- and graphene-based nanomaterials and applications in high-voltage supercapacitor: A review, *Carbon*, 141, 467-480 (2019).
38. R. Dubey et al., Review of carbon-based electrode materials for supercapacitor energy storage, *Ionics*, 25, 1419–1445 (2019).
39. X. Chen et al., Stretchable supercapacitors as emergent energy storage units for health monitoring bioelectronics, *Adv. Energy Mater.*, 10, 1902769 (2019).
40. K. K. Kar, “Handbook of nanocomposite supercapacitor materials I”, Springer (2020).

41. K. K. Kar, "Handbook of nanocomposite supercapacitor materials II", Springer (2020).
42. F. Beguin and E. Frackowiak, "Supercapacitors: materials, systems, and applications", Wiley (2013).
43. M. A. Scibioh and B. Viswanathan, "Materials for supercapacitor applications", Elsevier (2020).

슈퍼커패시터용 재료

슈퍼커패시터의 구성 요소는 배터리와 유사하다. 슈퍼커패시터는 (1) 전극(electrode), (2) 전해질(electrolyte), (3) 집전체(current collector), (4) 바인더(binder) (5) 분리막(separator)으로 구성된다(그림 11). 이러한 구성 요소 중 전극과 전해질은 능동소자(active element)이고 나머지 구성 요소는 수동소자(passive element)이다. 그림 11에서 알 수 있듯이 슈퍼커패시터는 집전체에 도포한 활물질, 도전재, 바인더로 이루어진 두 개의 전극이 양쪽에 위치하고 이를 분리하기 위한 분리막과 전해질로 구성된다.

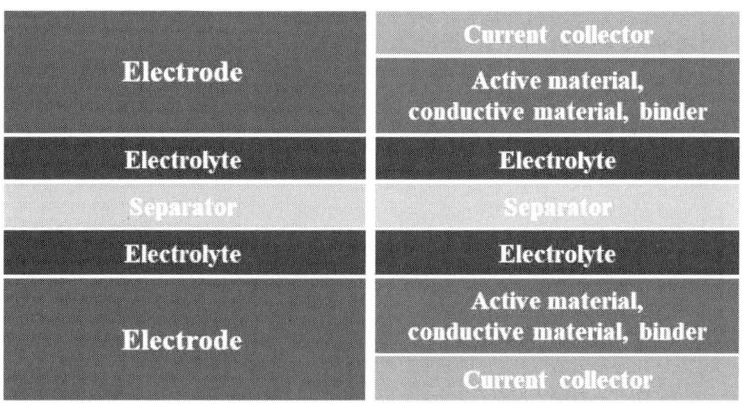

그림 11. 슈퍼커패시터의 구조.

1. 전극 재료

전극의 활물질은 슈퍼커패시터의 에너지 저장 성능에 큰 영향을 미친다. 전극의 활물질의 특성에 따라 슈퍼커패시터는 전기 이중층 커패시터(electric double layer capacitor, EDLC), 유사커패시터(pseudocapacitor), 그리고 하이브리드 커패시터(hybrid capacitor)로 분류된다. 전기 이중층 커패시터의 전극 활물질로 활성탄소(activated carbon), 탄소 에어로겔(carbon aerogel), 탄소 나노 튜브(carbon nanotube, CNT), 그래핀(graphene) 등과 같은 탄소재료를 많이 사용한다. 탄소재료는 전기화학적으로 불활성이며 전하가 전극 표면에 이온의 물리적 축적으로 인하여 저장되는 EDLC 거동을 보인다. 반면에, 유사커패시터(pseudocapacitor)의 전극 활물질로 산화/환원 활성이 높은 전이금속 산화물을 사용하고 전극 표면의 물리화학적 흡착(산화/환원 반응)에 의하여 전하를 저장한다.

1.1. 탄소 재료

탄소 재료는 화학적 안정성과 전기 전도성이 우수하고 비표면적이 크고 가격이 저렴하여 EDLC 전극의 활물질로 사용하고 있다. 전하는 전극 재료의 전극과 전해질 계면에서 이온의 물리적 축적에 의해서 저장되므로 EDLC의 성능은 전극 활물질의 비표면적과 표면형태에 좌우된다. 일반적으로 사용하고 있는 탄소 재료에는 활성탄소, 그래핀, 탄소나노튜브, 탄소나노섬유, 탄소에어로겔 등의 다공성 탄소가 있다. 이러한 탄소

재료를 활물질로 사용한 EDLC는 수계 및 비수계 전해질에서 각각 75-175 F/g 및 40-100 F/g정도의 축전용량 값을 보인다.

1.1.1. 활성 탄소

EDLC의 축전용량은 전극 활물질의 비표면적과 직결되므로 비표면적specific surface area)이 더 큰 탄소재료를 제조해야 한다. 일반적으로 활성탄소를 제조하기 위하여 일반적으로 탄소가 풍부한 유기 전구체를 불활성 분위기 하에서 탄화한 후 CO_2, 증기 등을 이용한 물리적 활성화와 KOH, $ZnCl_2$ 등을 이용한 화학적 활성화를 통해 비표면적을 크게 만든다. 많이 이용되는 전구체로는 코코넛, 피치, 코크스, 고분자 등이 있다. 물리적 활성화는 CO_2 또는 증기를 사용하여 탄소 전구체 입자의 부분적인 가스화 과정이다. 화학적 활성화 과정은 KOH, $ZnCl_2$ 등의 화학적 활성화제와 탄소와 여러 산화/환원 반응과 이온들의 삽입과 구조 확장 등을 포함하는 복잡한 과정이다. 물리적 혹은 화학적 활성화 과정을 통하여 탄소 재료의 다양한 크기의 기공을 갖는 활성탄소가 제조된다. 기공은 크기에 따라 미세기공(micropores, 〈 2 nm), 메조기공(mesopores, 2-50 nm), 거대기공(macropores, 〉 50 nm)으로 구분할 수 있다. 활성화 과정을 통하여 비표면적을 ~3000 m^2/g 정도로도 높일 수 있는 것으로 보고되고 있으나 실제 접근 가능하고 사용 가능한 비표면적은 1000 ~ 2000 m^2/g 범위에 있는 것으로 알려져 있다. 그러나 축전용량은 전극 활물질의 비표면적에 무조건 비례하지 않는다는 일부 연구결과들이 있는데 이는 전극 활물질의 미세기공(micro-pore)에 대한 전해질 이온의 접근성이 제한되기 때문이다. EDLC의 성능에 영향을 줄 수 있는 탄소 활물질의 최적화된 기공 크기에 대한 명확한 결과는 아직 없으나 일반적으로 0.8 nm 이하의 크기를 가지는 미세기공(micro-pore)에 수계 및 비수계 전해질 이온의 접근성이 제한된다고 알려져 있다. 그러므로 일정 크기 이하의 미세기공의 증가로 인한 비표면적의 증가는 EDLC의 성능에 영향을 주지 않으며 미세기공, 중간기공(meso-pore), 거대기공(macro-pore) 모두 잘 발달한 계층적 구조(hierarchical structure)를 가지는 탄소 활물질의 제조가 중요하다. 이 때, 거대기공은 전해질 이온의 이동 통로의 역할을 하며 중간기공은 전해질 이온의 확산과 흡착의 역할을 하기 때문에 탄소 활물질은 세 가지 기공 모두를 포함해야 한다. 대부분의 활성탄소에서 활성화 과정이 기공 크기의 제어나 분포를 제어하기 어려워 전체 형성된 표면을 모두 활용하여 이중층을 형성할 수 없기 때문에, 기공 크기의 분포는 최적이 아니다. 슈퍼커패시터 전극은 활성탄소와 전도성 탄소 입자(carbon black), PVDF 등의 유기 바인더를 혼합한 후 전극 집전체에 코팅하여 제조된다. 대부분 상용 슈퍼커패시터는 유기계 전해질에서 2.7 V의 작동 전압을 나타낸다. 이러한 유기계 전해질에서 비축전용량은 약 100 F/g 혹은 50 F/cm^{3}에 도달한다. 수계 전해질의 경우 최대 200 F/g를 나타낼 수 있으나 작동 전압은 0.9 V 미만으로 제한된다.

비표면적과 기공의 계층적 구조와 함께 탄소 활물질이 가지는 작용기나 원자는 EDLC의 성능 향상에 중요한 역할을 한다. 탄소 표면의 N, S, O 등은 전해질 이온의 흡착을 증가시켜 탄소 재료의 친수성을 증가시키는 것으로 알려져 있으며 이로 인하여 전해질 이온에 대한 젖음성 향상과 전해질 이온의 효과적인 수송을 할 수 있다. 또한 탄소의 표면에 작용기를 포함하는 산소는 산화/환원 반응에 의한 유사축전용량의 생성으로 인하여 총 축전용량은 5 – 10% 이상 증가한다고 알려져 있다. 이를 종합하면 더 큰 비표면적, 계층적인 다공성 구조, 헤테로 원자 및 작용기의 존재는 EDLC의 성능을 향상시키는 데 많은 역할을 한다.

1.1.2. 그래핀(graphene)

그래핀은 잘 알려진 2-D 탄소이며 다른 차원의 탄소재료를 구성하기도 한다. 그래핀으로부터 0-D 버키볼(bucky ball)로 감싸거나 1-D 나노튜브(carbon nanotubes)로 말거나 3-D 흑연(graphite)으로 제조가 가능하다. 큰 비표면적을 가지고 무게가 가벼운 그래핀 구조 및 환원 그래핀(reduced GO, rGO)의 표면에 서로 다른 산화/환원 부위가 존재하기 때문에 그래핀은 에너지 저장 장치의 설계에 적합한 전극 재료이다. 또한 이론적인 비표면적(2675 m^2/g)과 이론적인 축전용량(550 F/g)뿐만 아니라 우수한 율속 및 사이클 안정성 등으로 인하여 EDLC의 전극 활물질에 적합한 재료이다. 또한 그래핀은 높은 비표면적 이외에도 우수한 유연성, 우수한 전기전도도, 우수한 열적/화학적 안정성, 넓은 전위 창 및 풍부한 표면 작용기를 가지고 있다. 그래핀을 기반으로 한 전극 재료의 비축전용량 값은 전극의 설계와 전해질의 선택 등에 따라 다양하다. 그러나 그래핀이 가지는 가장 큰 단점은 그래핀의 제조 시 단일층들의 restacking이 일어나 이론적 비표면적이 크게 감소한다는 것이다. 더불어 그래핀의 소수성은 전극 활물질로 사용 시 그래핀 표면으로 전해질 이온의 접근성이 제한되어 EDLC의 성능이 저하되는 결과를 보인다. 이러한 단점을 해결하기 위하여 그래핀 산화물의 열 박리(thermal exfoliation), microwave 조사, 금속 산화물 혹은 탄소 나노재료와의 복합화, 홀리(holey) 그래핀 제조, 이종원소 도핑 등 다양한 방법들에 대한 연구들이 보고되고 있다.

1.1.3. 메조기공 탄소(mesoporous carbon)

기공 구조 중 미세기공(micropore)은 이온 이동시의 병목 현상을 제공하여 이온의 이동성을 크게 감소시켜 전극의 용량을 감소시킬 수 있다. 그러나 메조기공(mesopores)은 이온의 전달, 이동을 느리게 하는 아주 좁은 경로가 아니기 때문에 높은 전류 밀도에서도 비축전용량을 유지할 수 있다. 메조기공 탄소는 높은 활성화도(high degree of activation), 열경화성 성분과 열적 불안정한 성분으로 구성된 전구체의 탄화, 금속 산화물 또는 유기 금속 화합물을 사용한 전구체의 촉매를 이용한 활성화, cryogel 혹은 aerogel의 탄화, 주형법(template synthesis) 등 다양한 방법으로 제조될 수 있다. 이러한 방법들로부터 넓은 기공 크기 분포를 갖는 메조기공 탄소가 제조된다. 주형법 중 hard template 합성법에서는 사용되는 주형(template, SiO_2 등)과 탄소 전구체 간의 화학적 상호작용이 없는 몰드와 같은 역할을 한다. Soft template 방법에서 Pluronic 등과 같은 계면활성제와 같은 유기 분자의 자기조립(self-assembly)을 통해 나노구조를 발생시킨다. 이러한 주형법에서는 주형과 전구체의 혼합 비율, 사용 용매, 온도 등 다양한 조건에 의하여 기공 구조가 결정되며, 뚜렷한 기공 구조 및 좁은 기공 크기 분포를 갖는 메조기공 탄소가 제조된다.

1.1.4. Carbide-derived carbon(CDC)

CDC는 carbide 전구체들로부터 금속을 고온에서 추출시켜 제조된다. CDC 제조에 사용되는 일반적인 방법은 고온 염소화(high temperature chlorination) 및 진공 분해(vacuum decomposition) 방법이다. Carbide 전구체는 다공성 네트워크 구조 및 표면 관능기를 조절할 수 있어 슈퍼커패시터용 전극 재료로 매우 유망한 재료이다. Carbide 전구체 내의 탄소 원자의 분포나 합성 조건(온도 등)을 조절하여 CDC의 다공성 네트워크 구조를 잘 제어할 수 있다.

1.1.5. 탄소 나노튜브(carbon nanotubes, CNTs)

CNTs는 다양한 탄화수소(hydrocarbon)의 촉매 분해에 의하여 제조된다. 합성 조건에 따라 단일 벽(single-wall) 혹은 다중 벽(multi-wall) 나노튜브가 제조되며, 비표면적 및 전기전도도를 제어할 수 있다. CNTs는 그 자체 혹은 다른 전극 재료와의 복합화를 통하여 슈퍼커패시터용 전극 재료로 이용될 수 있다. 순수한 CNTs는 100-500 m^2/g의 비표면적, 비축전용량 2~200 F/g을 가지고 있는 것으로 보고되었다. 이러한 낮은 수치는 잘 발달되지 않은 미세기공 부피 때문이다. CNTs의 비표면적 및 비축전용량은 재료의 순도 및 형태학에 크게 영향을 받는 것으로 알려져 있으며, CNTs의 벽(wall) 또는 팁(tip)을 활성화하여 비표면적을 크게 향상시킬 수 있으나 비축전용량 값은 활성탄소에 비해 낮은 것으로 알려져 있다. CNTs의 표면 산화를 통하여 유사축전용량 효과를 도입하여 비축전용량을 개선할 수 있으나 이 경우 사이클 수명이 낮아지는 단점이 있는 것으로 보고되었다. 최근 집전체에 수직으로 정렬된 CNT forest에 대한 연구 결과가 보고된 바 있으며, 튜브간 간격을 조정하여 비축전용량을 증가시킬 수 있었다. 이러한 CNT forest 전극은 미세전자소자 응용분야에서 매우 유망한 것으로 판단된다.

CNTs는 표면 기능화 혹은 전도성 고분자, 금속 산화물과 같은 다른 전극 재료와의 복합화를 통하여 유사커패시터용 전극 재료로 사용될 수 있다. CNTs의 표면 기능화는 화학적 혹은 전기화학적 방법으로 진행된다. 표면 기능화를 위한 가장 대표적인 방법은 진한 황산, 질산 등을 이용한 산화로, 이러한 표면 산화를 통해 수계 전해질에서 전극 재료의 친수성 증가와 유사축전용량이 추가되어 총 비축전용량은 약 3배 정도 증가할 수 있는 것으로 보고되었다. 그러나 이러한 산화 처리는 CNTs 구조의 결함을 유발할 수 있고, 따라서 전기 전도도를 감소시키게 된다. 따라서 유사커패시터의 성능 향상을 위하여 전극 성능과 구조 결함 사이의 적절한 균형이 매우 중요하다. 우수한 전기 전도도와 산화/환원 활성을 나타내는 전도성 고분자와 CNTs의 복합화를 통한 연구들도 진행되고 있다. 전도성 고분자들과의 복합화를 통하여 우수한 전기화학 성능을 나타내는 것으로 보고되고 있다.

전도성 고분자 혹은 탄소 재료 이외에도 금속 산화물 혹은 금속 수산화물과의 복합화를 통한 유사커패시터 전극 재료에 대한 연구들도 진행되고 있다. 금속 산화물 및 수산화물은 낮은 전기 전도도를 가지고 있으나 보다 우수한 전기화학적 안정성을 나타낸다. 이들 재료들이 고성능을 나타내기 위하여 해당 금속이 두 개 이상의 산화 상태를 가지고 있어야하며 또한 이러한 상태가 공존하고 자유롭게 상호 이동이 가능해야 한다. 대표적인 재료로는 RuO_2, MnO_2, NiO, V_2O_5, Fe_3O_4, Co_3O_4, TiO_2, SnO_2, Mn_3O_4, and $Ni(OH)_2$ 등이 있다. CNTs-금속 산화물 복합 전극에서 CNTs는 금속 산화물의 효과적인 도입을 위한 큰 비표면적과 우수한 전기 전도도를 가지고 있으며, 주기적인 충방전 공정으로 인한 금속 산화물 혹은 수산화물의 부피 변화를 효과적으로 제한할 수 있다.

1.1.6. 탄소 에어로겔(carbon aerogels)

탄소 에어로겔은 resorcinol과 formaldehyde의 축중합 반응에 의한 sol-gel 방법으로, 불활성 분위기에서의 탄화에 의하여 균일한 메조기공 크기를 갖는 다공성 탄소 에어로겔이 제조된다. 탄소 에어로겔의 비표면적은 400~900 m^2/g 정도로 비교적 낮으나 서로 잘 연결된 기공 구조로 인하여 높은 전기화학 성능을 나타내는 것으로 알려져 있다. 그러나 유기계 혹은 수계 전해질에서 50~100 F/g 정도의 비축전용량 값을 나타내는 것으로 알려져 있다. 또한 매우 낮은 밀도를 가지고 있어 낮은 체적 축전용량을 나타내어 많은 관심을 받지 못하고 있다. 그러나 최근 주형법, 이종원도 도핑 등을 통하여 우수한 전기화학 성능을 갖는 탄소 에어로겔 제조에 대한 연구 결과들이 보고되고 있다.

1.2. 전도성 고분자(conductive polymers)

저비용이며 도핑된 상태에서 우수한 전도도를 가지고 넓은 범위의 전위 창(비수계 전해질에서 3.1 V 수준), 화학 조성 변경을 통한 산화/환원 반응이 가능한 전도성 고분자를 슈퍼커패시터의 전극 활물질로 사용하는 연구가 활발히 진행 중이다. Polypyrrole, polyaniline, polythiophene, pol(3,4-ethylenedioxythiophene) 등과 같은 전도성 고분자 전극 기반 슈퍼커패시터의 전하 저장 메커니즘은 전극 재료의 활물질인 pi-공액 고분자 사슬 표면과 벌크 모두에서 진행되는 산화/환원 반응이다. 산화(p-doping)가 발생하면 전해질 이온이 고분자 사슬로 전달되고, 환원(undoping)시 용액으로 다시 방출된다. 일반적으로 p-형 전도성 고분자가 n-형 전도성 고분자들이 보다 안정적인 것으로 알려져 있다. 이러한 doping/undoping 과정은 대부분의 전극에서 발생하기 때문에 높은 비축전용량을 얻을 수 있다. 산화/환원 반응 시 전도성 고분자에 발생하는 전하에 따라 다음과 같은 세가지 유형으로 분류할 수 있다.

(1) p-도핑: polyaniline, polypyrrole 등

(2) n-도핑: polythiophene 유도체 등

(3) n-p 도핑: polythiophene, poly(3-fluorophenyl thiophene) 등

전도성 고분자는 작동이 가능한 전위 창 이외에서 분해되어 전도성을 잃으므로 슈퍼커패시터의 성능이 저하되는 단점이 있다. 그러므로 전도성 고분자 기반 슈퍼커패시터의 적절한 작동 전위 창의 설정은 중요하고 이의 개선을 위하여 탄소 재료와의 복합재료의 제조를 통한 전극 재료의 개발도 연구되고 있다. 또한, 1,000회 이상의 충/방전 시 수명이 저하된다. 충전 과정에서 전도성 고분자 구조가 팽창과 수축으로 인해 기계적 물성이 저하되어 전도성 고분자의 형태 조절, 다른 고분자와 하이브리드화, 금속 산화물 등과 복합재료를 제작하여 전도성 고분자 기반 슈퍼 커패시터의 수명을 향상하는 연구가 진행되고 있다.

1.3. 금속 산화물 및 수산화물(metal oxides and hydroxides)

금속 산화물은 높은 비축전용량 및 전도도를 가지고 있어 고에너지, 고출력을 갖는 슈퍼커패시터용 전극으로 적합한 것으로 알려져 있다. 특히 전이 금속 산화물(transition metal oxide)은 층상 구조와 다중 산화 상태를 가지고 있어 전도성 고분자 기반 전극 재료에 비하여 수명이 우수하고 탄소 기반 전극 재료에 비하여 우수한 에너지 저장 성능을 나타낸다. 전이 금속 산화물은 가역성이 높은 표면 화학 반응 또는 매우 빠르고 가역적인 격자 삽입으로 인해 유서커패시터용 전극 재료이다. 금

속 산화물은 탄소 재료와 같이 정정기적으로 에너지를 저장할 뿐만 아니라 적절한 전위 창 내에서 전극 재료와 전해질 이온 사이의 전기화학적 패러데이 반응으로도 에너지를 저장할 수 있어 기존 탄소 재료보다 높은 에너지 밀도를 나타낼 수 있고, 전도성 고분자 보다 전기화학적 안정성이 우수하다. 이러단 금속 산화물이 슈퍼커패시터용 전극 재료로 이용되기 위한 요구 사항은 다음과 같다.

(1) 금속 산화물은 전기 전도성이어야 한다.

(2) 금속은 상변화 없이 연속적인 범위에서 공존하는 두 개 이상의 산화 상태를 가지고 있어야 한다.

(3) 양성자는 환원시 산화물 격자에 자유롭게 삽입될 수 있으며(산화시에는 격자 외부로), O^{2-} --〉 OH-로의 상호 변환을 허용할 수 있어야 한다.

현재 저비용으로 고효율의 전극 재료를 개발하기 위하여 전도성 금속 산화물(conductive metal oxide)의 연구가 진행되고 있다. 다양한 전도성 금속 산화물 중에서 RuO_2, MnO_2, 코발트 산화물, 니켈 산화물 등이 주로 연구되고 있고 이러한 금속산화물 기반 전극 재료는 특정 전위 창에서 물리적 축적과 산화/환원 반응에 의해 전하를 저장한다.

여러 가지 전이금속산화물 중 RuO_2는 다른 전이금속산화물에 비하여 다양한 산화 상태, 높은 전기전도도, 우수한 가역성, 준수한 수명 안정성, 넓은 작동 전위 창 등으로 인해 슈퍼커패시터 전극 활물질로 광범위하게 연구되고 있다. RuO_2 기반 슈퍼커패시터의 전하 저장은 EDLC와 유사커패시터의 메커니즘을 모두 포함한다. 그러나 재료의 고비용과 환경 문제는 RuO_2 기반 슈퍼커패시터의 상용화에 큰 단점으로 작용한다. 따라서 RuO_2에 비하여 비용이 저렴하고 환경친화적인 금속 산화물인 MnOx, V_2O_5, SnO_2, NiO, CoO, Fe_2O_3 등을 이용하여 슈퍼커패시터의 전극에 응용하는 연구가 진행되고 있다.

전이금속산화물 기반 슈퍼커패시터의 성능은 다음과 같은 요인에 크게 의존한다. (1) 비표면적: 전이금속산화물의 전하 저장은 표면현상이므로 비표면적을 증가시키면 전해질과 상호 작용 시 산화/환원 반응을 위한 활성 부위가 증가하여 축전용량이 증가한다. 전이금속산화물의 비표면적 증가를 위하여 다양한 표면 형태를 가진 다공성 재료 제조에 대한 연구가 진행되고 있고 다공성 재료중 1-D 다공성 구조의 전이금속산화물을 슈퍼커패시터에 응용하였을 때 가장 우수한 성능을 보이는 것으로 알려져 있다. (2) 결정성(crystallinity): 산화물의 에너지 저장 능력은 물질의 상(phase), 결정 구조와 결정성에 영향을 받는다. 결정성이 크면 산화물의 표면은 더 단단하고 조밀해지므로 전해질 이온의 확산을 억제하므로 산화/환원 반응 사이트가 산화물의 표면에만 제한되어 축전용량이 낮아진다. 반면에 비정질 산화물의 경우 산화/환원 반응이 산화물의 표면뿐만 아니라 모든 부분에서 이루어진다. 산화물의 결정성은 산화물의 제조과정에서 전구체를 조절함으로서 조절할 수 있다. RuO_2의 경우 결정성이 증가하면 축전용량이 감소하는데 이는 양성자/전해질 이온이 결정성이 높은 산화물의 모든 부분으로 확산되지 못하기 때문이다. MnOx의 경우 α-, β-, γ-, δ-MnO_2의 네 가지 결정 구조가 존재하는데 이 네 가지 다양한 결정 구조중 δ-MnO_2는 구조적 변형이 매우 적으므로 더 많은 양이온의 삽입/탈리가 가능하여 더 높은 축전용량을 얻을 수 있다. (3) 입자 크기: 나노크기 수준의 입자는 슈퍼커패시터 응용에서 우수한 전기 화학적 성능을 보이는데 이는 전해질의 이온이 접근 가능한 비표면적이 높고 이온/전자의 확산이 짧은 통로로 이동하기 때문이다. 그러므로 입자의 크기가 더 작아질수록 전극 재료 표면을 더 많이 활용하면서 높은 축전용량을 가진다.

1.4. 금속 질화물

전이금속 산화물과 비교하여 비대칭 슈퍼커패시터 제조를 위하여 우수한 전기전도도를 가지므로 출력 밀도를 높일 수 있는 금속 질화물이 관심받고 있다. 대표적인 금속 질화물에는 리튬화 금속 질화물 (Li_3N), 전이 금속 질화물(Mo_2N, VN, TiN) 등이 있다. 이러한 금속 질화물은 뛰어난 화학적 특성, 우수한 리튬 삽입/탈리 특성은 비대칭 및 하이브리드 커패시터에 효과적으로 적용할 수 있다. 여러 가지 금속 질화물 중 티타늄 질화물(TiN)은 높은 전기전도도와 기계적 안정성으로 인해 가장 많이 연구되고 있는 전극이다. 그러나 수계 전해질에서 발생하는 금속 질화물의 비가역적 산화로 인한 단점이 있지만 이를 개선하기 위하여 TiN은 그래핀, TiO_2, VN, MnO_2, 전도성 고분자와 같은 다른 재료들과 코어/쉘 구조 등을 형성하여 수명 안정성을 개선하고 화학적 안정성을 향상시키는 연구들이 진행되고 있다.

1.5. 복합재료

탄소재료에서 언급한 바와 같이 그래핀은 비표면적과 이론적 축전용량이 크다. 그러나 그래핀은 제조공정이 복잡하고 restacking으로 인하여 실제 응용에서는 이론적 값에 근접하기 어렵다. 그러므로 환원 그래핀(rGO)과 다른 탄소재료(CNT, activated carbon, carbon black 등), 금속 산화물(MnO_2, RuO_2, Fe_2O_3, Nb_2O_5, NiO 등), 전도성 고분자와 복합재료를 제조하여 서로 다른 재료가 가지는 장점을 부각시키고 단점을 보완하는 연구가 진행되고 있다. 이러한 재료들은 그래핀과 복합재료 제조 시 슈퍼커패시터 전극에서 그래핀의 restacking을 방지하여 전해질 이온의 전극에의 접근성을 향상시켜 축전용량을 향상시킨다. 그러나 이러한 복합재료의 제조를 위한 복잡한 공정의 효율적인 개선과 최적화를 통한 고성능 전극 재료 개발을 위하여 많은 연구가 필요하다. 최근에 탄소 양자점(carbon quantum dot, CQD)과 같이 구형 탄소 나노 입자로 구성된 전극 재료가 주목을 끌고 있다.

2. 전해질

미래 슈퍼커패시터 개발의 궁극적인 목표는 전극의 축전용량을 증가시키거나 작동 전위 창을 넓혀서 높은 출력 밀도와 함께 에너지 밀도를 향상시키는 것이라 할 수 있다. 이중 에너지 밀도의 향상을 위해서 전극 재료의 축전용량을 증가시키는 것보다는 에너지 밀도가 전위 창의 제곱에 비례하기 때문에 전극의 작동 전위 창을 넓히는 것이 장치의 에너지 밀도를 높이는 데 효과가 크다. 다양한 전해질의 전위 창은 수계 전해질 기반(1.0–1.3 V), 유기 전해질 기반(2.5–2.7 V), 이온성 액체 기반(3.5–4.0 V)을 사용하여 연구하고 있다. 이상적인 전해질을 선택하면 에너지 밀도가 향상될 뿐만 아니라 사이클 수명 개선, 내부 저항의 최소화, 특정 전원에서 출력, 작동 온도 제어 및 방전 프로세스 감소 등의 효과가 있다. 전해질은 가벼워야 하며 전기화학적 활성도가 높고 우수한 전기전도도를 가지고 열화가 되지 않아야 한다. 연구되거나 사용되고 있는 전해질의 종류와 재료를 그림 12에 나타내었다.

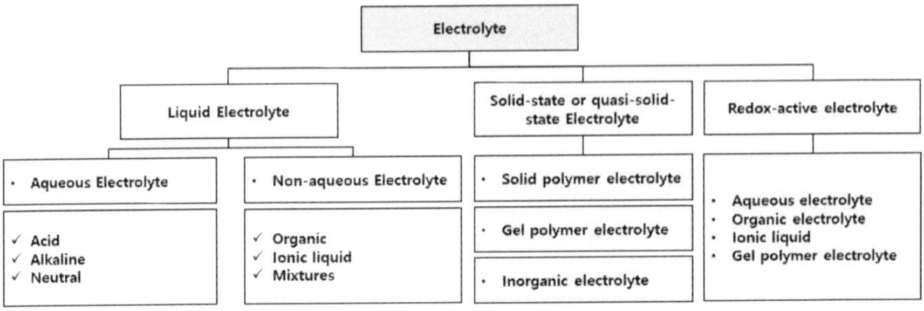

그림 12. 슈퍼커패시터용 전해질 종류.

2.1. 액체 전해질

슈퍼커패시터의 액체 전해질은 수계, 비수계로 나눌 수 있으며 비수계 전해질은 다시 유기 전해질과 이온성 액체(ionic liquid)로 나눌 수 있다.

2.1.1. 수계 전해질

수계 전해질은 좁은 전위 창으로 인하여 에너지 밀도가 낮아 상용 슈퍼커패시터에는 적합하지 않기 때문에 주로 유기 전해질이 사용되고 있다. 그러나 수계 전해질은 저렴하고 실험실에서 처리될 수 있으며, 제조 및 조립 과정이 단순하기 때문에 많은 연구개발이 이루어지고 있다. 반면 유기 전해질과 이온성 액체는 수분 유입을 방지하기 위하여 대기 분위기 조절, 복잡한 정제 과정 등이 필요하다.

수계 전해질의 기본적인 구성은 물과 염과 여러 무기 화합물이다. 수계 전해질은 이온이 용매화(수화)되어 있으므로 전도성이 우수하며 제조와 취급이 단순한 장점이 있다. 수계 전해질은 pH에 따라 산성(H_2SO_4), 알칼리성(KOH, NaOH, LiOH 등), 중성(Na_2SO_4, K_2SO_4, Li_2SO_4,

$NaNO_3$, KCl 등)으로 구분할 수 있다. 그러나 낮은 전위 창, 좁은 작동 온도 범위, 누출 가능성 등의 단점을 가지고 있으므로 사용이 제한적이다. 반면에 Li_2SO_4를 사용한 수계 중성 전해질은 4.0 V의 넓은 작동 전위 창을 가지고 있는 것으로 발표되었다. 수계 전해질을 사용 시 비용, 환경문제 등을 모두 고려해야 한다. 일반적으로 수계 전해질의 선택 기준은 이온의 크기와 이온 이동도 등이며 이는 이온 전도도뿐만 아니라 비축전용량 값에도 영향을 미친다.

2.1.2. 비수계 전해질

비수계 전해질은 기본적으로 유기염(organic salt)용액 또는 이온성 액체를 사용하여 분해가 없이 더 넓은 작동 전위 창을 유지할 수 있으므로 수계 전해질에 비하여 상용화에 더 적합하다. 그러나 높은 비용, 독성, 낮은 전도도 등의 단점은 상용화에 제한이 되고 있어 이를 개선하기 위한 연구가 필요하다.

1) 유기 전해질

유기 전해질은 유기 용매에 전도성 염(conductive salt)을 용해하여 제조되며, 넓은 전위 창(2.5-2.8 V)으로 인하여 에너지 밀도와 출력 밀도가 우수하기 때문에 상용화된 슈퍼커패시터에 많이 사용되고 있다. 또한 유기 전해질 사용시 집전체 및 패키징 재료로 저렴한 Al과 같은 재료를 사용할 수 있다. 유기 전해질을 이용하는 슈퍼커패시터는 높은 에너지 밀도를 가지고 열안정성 및 수명 안정성이 우수하다. 유기 전해질의 용매 화합물에는 tetraethyl ammonium tetrafluoroborate ($TEABF_4$), spiro-(1,1')-bipyrrolidinium tetrafluoroborate($SBPBF_4$), triethylmethylammonium tetrafluoroborate($TEMABF^{4}$) 등을 acetonitrile/propylene carbonate 용매에 용해하여 제조한다. 그러나 유기 전해질은 높은 비용, 낮은 축전용량, 높은 내부 저항, 낮은 이온 전도도, 높은 가연성, 휘발성, 독성 등의 단점이 있다. 또한 성능 저하 및 심각한 자기 방전 문제를 유발할 수 있는 물과 같은 불순물 제거를 위한 복잡한 정제 및 조립 과정이 필요하다. 수계 전해질과 같이 이온 크기, 이온-용매 상호 작용, 전도도, 점도, 전위창 등과 같은 특성이 유기 전해질 기반의 슈퍼커패시터 성능에 큰 영향을 미친다.

용매는 전해질의 구성 요소로서 고성능을 달성하기 위하여 매우 중요한 역할을 한다. 이상적인 유기 용매의 경우 선택된 염에 대한 우수한 용매화 능력, 높은 전위 창, 작동 온도 범위 내에서 낮은 점도 및 안정성(난연성 및 무독성 등) 등을 포함한 여러 가지 특성을 만족시켜야 한다. 용매 선택에 있어 주요 요구사항은 다음과 같다.

(1) 슈퍼커패시터의 과충전 문제를 최소화할 수 있는 작동 전압보다 약간 더 큰 적절한 전위 창
(2) 이온 전도도를 최대화 할 수 있는 용매 혹은 용액의 낮은 점도
(3) 전도도를 최대화하기 위한 염의 높은 용해도
(4) 전도도를 최대화하기 위한 주어진 염 농도에서의 최소 이온쌍(ion paring) 형성
(5) 염의 용해도를 최대화하고 이온쌍을 최소화할 수 있는 최적의 유전율 혹은 donor number

다른 요구사항으로는 염 이온의 크기와 전하의 크기로 염의 용해 및 이온쌍의 강도 또는 해리 정도를 결정한다. 이러한 모든 요구 사항들은 주어진 염 농도에서 전도도를 결정하는 두가지 중요한 인자, 즉 (1) 해리

된 이온의 이동도, (2) 전하 운반체(free charge carrier), 양이온 및 음이온의 농도를 결정하는데 중요한 역할을 한다.

2) 이온성 액체

이온성 액체는 100도 이하의 융점을 가지고 상온에서 액체 상태인 유기 양이온이 유무기 음이온과 결합한 형태의 염으로 구성되어 있다. 일반적으로 이온성 액체는 큰 비대칭 유기 양이온과 무기 또는 유기 음이온으로 구성되며 이러한 독특한 양이온과 음이온의 조합에 의하여 융점이 낮게 된다. 이온성 액체는 독특한 구조와 특성으로 많은 관심을 받고 있다. 일반적으로 이온성 액체는 높은 열안정성, 화학적, 전기적 안정성, 낮은 휘발성 및 난연성 등을 비롯한 우수한 장점을 가지고 있다. 또한 이온성 액체의 물리적, 화학적 특성은 양이온과 음이온의 조합에 의하여 조절이 가능하다. 이온성 액체는 유기 용매에 용해하거나 그 자체로 슈퍼커패시터의 전해질로 사용할 수 있다. 이러한 이온성 액체의 성질로 인하여 서로 다른 양이온/음이온의 조합을 통하여 작동 전위 창의 최적화가 가능한 장점이 있다. 슈퍼커패시터용 전해질로 사용하는 이온성 액체는 포스포늄(phosphonium), 설포늄(sulfonium), 피롤리디늄(pyrrolidinium), 암모늄(ammonium)등의 양이온과 테트라 플루오로보레이트(tetrafluoroborate, BF_4^-), 디시안아미드(dicyanamide, DCA^-), 비스트리 플루오로메탄설포닐)이미드(bis(trifluoromethanesulfonyl)imide, TFSI-)와 같은 음이온의 조합이 있다. 이온성 액체 전해질은 유기 전해질에 비해 우수한 이온전도도와 더 넓은 범위의 전위 창(3.5-4.0 V)을 가지고 있다. 그러나 수계와 비수계 전해질에 비해 더 넓은 작동 전위 창을 가지고 있지만 낮은 축전용량값, 고비용, 높은 점도와 같은 단점은 개선해야 한다.

2.2.2. 고체 및 준고체 전해질(solid-state or quasi-solid-state electrolyte)

액체 전해질은 이온전도성이 우수하여 산화/환원 반응을 촉진하는 경향이 있지만 누출과 용액 저항으로 인하여 큰 규모의 슈퍼커패시터 장비나, 웨어러블 전자기기, 휴대용 전자장치 등에 적용하기 어려운 단점이 있다. 슈퍼커패시터 제조 시 소형화가 가능하고 견고하며 신뢰성이 있는 차세대 전해질의 상용화를 위해 반고체 및 고체 기반의 전해질에 대한 연구가 필요하다. 이러한 전해질은 이온 전도 매개체 역할을 할뿐만 아니라 분리막의 역할도 한다. 고체 기반의 전해질은 제조 공정이 단순하고, 누액 및 부식 등과 같은 문제점이 없다는 장점이 있다.

일반적인 고체 기반 전해질은 액체 전해질과 액체 전해질 사이에 위치하는 고분자 매트릭스로 구성됩니다. 고체 기반 전해질은 유연성을 위하여 설계해야 하며 사용하는 액체 전해질은 수계, 비수계, 이온성 액체, 산화/환원 활성용 전해질이 모두 사용된다. 고분자 매트릭스로는 poly(vinyl alcohol)(PVA), poly(methyl methacrylate)(PMMA), potassium/sodium salt of poly(acrylic acid)(potassium/sodium polyacrylate), poly(ether ether ketone)(PEEK), polyacrylonitrile-b-poly(ethylene glycol)-b-polyacrylonitrile)(PAN-b-PEG-b-PAN), poly(vinylidene fluoride-co-hexafluoropropylene)(PVDF-co-HFP) 등이 많이 사용된다. 이러한 고분자 매트릭스는 주로 물을 사용하여 3차원 네트워크 구조인 하이드로겔 형태로 사용된다. 물 이외의 용매로는 PC, 330 EC, DMF331 또는 이들의 혼합물(PC/EC, 332 PC/EC/DMC, PC/EC331) 등도 사용된다. 이러한 고체 기반 전해질을 사용하는 가장 큰 이유는 유연성을 가지는 슈퍼커패시터의 개발이 가능하다는 것이다. 대표적으로 많이 사용하고 있는 PVA 기반 고체 전해질은 PVA를 H2SO4(산성), KOH(알칼리성), LiCl(중성) 등과 혼합하여 제조하며 친수성, 간단한 제조, 무독성, 저비용, 고효율의 장점을 가지고 있다. 또한, polythiophene, polyaniline, polypyrrole 등과 같은 전도성 고분자를 기반으로 한 고체 전해질도 연구되고 있다. 반면에 대칭/비대칭/하이브리드 슈퍼커패시터의 제조를 위해 고분자 기반 전해질에 관한 연구가 많이 진행되고 있으나 아직까지 세라믹 전해질과 같은 무기 고체 물질의 적용 가능성에 대한 연구는 극히 드물게 보고되고 있다.

고체 기반의 전해질은 주로 고분자 전해질이 이용되고 있으며 크게 고체 고분자 전해질(solid polymer electrolyte; SPE), 겔 고분자 전해질(gel polymer electrolyte; GPE), 고분자 전해질(polyelectrolyte) 등이 있다. 이 중 GPE는 액체가 소량 존재하기 quasi-solid electrolyte이라고도 불린다. SPE는 물, 유기용매 등과 같이 용매 없이 고분자와 염으로 구성되며, 이온 전도도는 고분자를 통한 염 이온의 이동에 의해 결정된다. GPE는 고분자와 수계 전해질 혹은 유기 전해질로 구성된다. GPE에서 고분자는 기재 역할을 하며 용매에 의하여 팽윤될 수 있으며 염 이온은 용매를 통하여 이동한다. 고분자 전해질(polyelectrolyte)은 고분자 사슬에 이온성 혹은 이온화 가능한 그룹을 포함하는 고분자로, 이온 전도도는 하전된 고분자 사슬에 의하여 결정된다. 이러한 고체 기반의 전해질들은 각각 장단점을 가지고 있다. 일반적으로 GPE가 가장 높은 이온 전도도를 가지고 있으며, 이는 GPE 내에 액상이 존재하여 고체 상태의 SPE 보다 이온 이동이 쉽기 때문이다. 이러한 이유로 슈퍼커패시터는 주로 GPE를 이용한 연구들이 주를 이루고 있다. 그러나 GPE는 상대적으로 낮은 기계적 강도와 좁은 작동 온도 범위로 인한 문제점들이 있다. 특히 GPE의 낮은 기계적 강도로 인하여 내부 단락을 유발할 수 있어 안전

성에 대한 문제점이 야기될 수 있다. SPE는 일반적으로 GPE에 비해 이온 전도도는 낮으나 기계적 강도가 우수하다. 이러한 SPE는 다공성 전극재료와 전해질 사이의 접촉 면적이 적어 단점을 가지고 있다.

고체 전해질은 다양한 종류의 전극 재료를 사용하는 EDLC, 유사커패시터, 하이브리드 슈퍼커패시터와 같은 여러 유형의 슈퍼커패시터에 사용되고 있다. 이러한 슈퍼커패시터용 고체 전해질 개발 시 고려해야 할 사항은 (1) 높은 이온전도성, (2) 높은 화학적, 전기화학적, 열적 안정성, (3) 충분한 기계적강도와 치수안정성 등이 있다. 실제로 고체 전해질이 이러한 요구 사항을 모두 충족하는 것은 이온 전도도와 기계적 강도 사이의 trade-off 관계가 있으므로 두 가지 물성을 고려해야 한다.

2.2.3. Redox-active electrolyte

1) Redox-active aqueous electrolyte

일반적으로 전해질은 두개의 전극 사이에서 전하 또는 이온의 이동을 위한 매개체 역할을 하며 용량에 대해 기여가 없으나, 전해질의 유사축전용량을 통한 추가 용량을 유도하기 위한 연구들이 진행되고 있다. 이러한 경우 전해질 자체에서 산화/환원 반응을 기반으로 하는 유사축전용량을 유도하기 위하여 hydroquinones, m-phenylenediamine, KI, lignosulfonates 등을 사용한다.

전해질의 산화/환원 반응에 의하여 유사축전용량을 얻을 수는 있지만 슈퍼커패시터의 충/방전 속도와 사이클 안정성 등의 전기화학적 안정성이 부족한 단점이 있다. 높은 유사축전용량을 얻기 위하여 많은 양의 전해질이 필요한데 이는 결과적으로 양극에서 높은 유사축전용량이 발생하는 경향이 있으므로 음극과 축전용량에서 불균형을 초래하여 활용하기 어렵다. 또한, 산 기반 전해질에서만 전기화학적 활성이 높기 때문에 집전체의 제조비용과 부식과 같은 단점들은 이러한 전해질의 실제 응용에 많은 제약이 뒤따르므로 많은 연구가 필요하다.

2) Redox-active non-aqueous electrolyte

슈퍼커패시터의 에너지 밀도를 증가시키기 위한 방법 중 하나로 전압의 증가가 필요한데 이를 달성하기 위해 유기 혹은 이온성 액체 기반의 전해질이 많이 연구되고 있다. 산화/환원 활성용 polyfluorododecaborate cluster 이온($[B_{12}FxH_{12-x}]^{2-}$)을 propylene carbonate(PC)와 dimethyl carbonate(DMC)에 추가하여 제조한 유기혼합용매는 유사축전용량의 추가발생으로 인하여 탄소전극 기반 슈퍼커패시터의 용량을 향상시킬 수 있는 것으로 보고되었다. 또한, tetraethylammonium undecafluorododecaborate($(Et_4N)_2B_{12}F_{11}H$)는 PC-DMC의 혼합물과 결합할 때 산화/환원 활성용 음이온의 존재로 인해 슈퍼커패시터에 과충전을 보호할 수 있는 역할이 가능하다. 이와 유사하게 이온성 액체 기반 전해질의 경우 $[EMIM][BF_4]$ 이온성 액체에 5 wt%의 1-ethyl-3-methylimidazolium iodide([EMIM][I])을 첨가하면 $[EMIM][BF_4]$ 이온성 액체 전해질과 비교할 때 최대 50%까지 용량을 증가시킬 수 있으며, 또 다른 이온성 액체인 N-ethyl-N-methylpyrrolidinium fluorohydrogenate ($EMPyr(FH)_{2.3}F$)는 산화/환원 반응을 통해 슈퍼커패시터의 용량을 증가할 수 있다고 알려져 있다.

3. 집전체

대부분 에너지 저장 장치에는 활물질의 낮은 전도성으로 인하여 성능을 보완하기 위한 집전체가 필요하다. 일반적으로 집전체의 역할은 전극에서 외부 부하로 전류를 전달하는 것이다. 따라서 전해질의 전기화학적 충방전 과정에서 전기 전도성이 있어야 한다. 알루미늄, 강철, 철 등은 가장 많이 사용되는 집전체 재료이다. 또한 활물질을 집전체에 직접 코팅하면 둘 사이의 강한 분자 접촉을 제공하여 활물질과 집전체 사이의 계면 저항을 최소화하여 성능을 향상시킬 수 있다. 그러나 슈퍼커패시터의 충방전 사이클 과정에서 활물질의 물리적 변형으로 인하여 활물질과 집전체 사이의 결함으로 인해 높은 저항이 발생될 수 있다. 이를 해결하기 위하여 고분자 바인더(예, Nafion 등)를 사용하여 집전체로부터 활물질이 떨어져 나오는 것을 방지할 수 있다. 또한 집전체가 전지 내부에서 발생되는 열을 발산시키는 것도 중요하다.

전극과 전해질은 슈퍼커패시터의 능동소자(active element)이고 집전체(current collector)는 수동소자(passive element)이다. 그러나 전극과 전해질과 함께 슈퍼커패시터의 내구성과 전위 등의 향상에 많은 역할을 한다. 집전체의 선택 조건에는 equivalent series resistance(ESR)로 인하여 집전체간의 호환성이 중요하고 전극 재료와 전해질의 계면에서 일어나는 상호 작용은 슈퍼커패시터의 안정성과 내구성을 결정하는 요소이다. 집전체는 전극 재료와 전해질의 유형에 따라 선택해야 하며 다음과 같은 특성을 가지고 있어야 한다.

(1) 높은 전기 및 열 전도성

(2) 우수한 기계적 물성(우수한 굽힘성 및 큰 압축 강도)

(3) 얇고 가벼운 무게

(4) 전극과의 낮은 접촉 저항

(5) 높은 화학적 및 전기 화학적 안정성

(6) 높은 내식성

(7) 환경 친화성

(8) 저렴한 비용 등

산 기반 수계 전해질의 경우는 부식에 강한 Au foil 집전체를 사용하고 슈퍼커패시터 제조의 비용을 최소화하기 위해 인듐 주석 산화물(ITO)과 탄소 재료 등이 연구되고 있다. 염 기반 수계 전해질의 경우에는 Ni foam을 많이 사용하는데 Ni foam은 일반 금속 foil보다 비표면적이 높기 때문에 전극 활물질의 전기 화학적 활성이 우수하고 충/방전 시 생성되는 NiO/Ni(OH)x로 인하여 소량의 유사축전용량(pseudocapacitance)이 생기므로 총 축전용량이 증가하는 장점이 있다. 또한, Ni foam 외 염 기반 수계 전해질의 집전체로 stainless steel foam/foil, alloy, carbon fabric, carbon cloth, graphene foam 등이 많이 사용되고 있다. 이와 같이 산과 염 기반 수계 전해질에 사용되는 집전체들은 중성 전해질에서 부식성이 없으므로 사용되고 있다. 비수계 전해질(organic electrolyte와 ionic liquid)의 경우에는 알루미늄 foil이 많이 사용된다.

4. 바인더(binder)

바인더는 전극의 집전체와 활물질간의 점착을 통하여 전극의 구조를 유지하는 역할을 한다. 일반적으로 poly(vinylidene fluoride)(PVDF), polytetrafluoroethylene(PTFE), Nafion, cellulose, poly(vinyl pyrrolidone)(PVP), poly(acrylic acid)(PAA)와 같은 유기고분자와 polypyrrole(PPy), polyaniline(PANI) 등의 전도성고분자가 바인더로 사용되어 왔다. 슈퍼커패시터의 성능은 바인더의 함량과 종류에 영향을 받는다. 바인더의 함량은 PTFE의 경우 함량이 높아지면 PTFE의 소수성으로 인하여 전극에 대한 전해질 이온의 접근성이 저하되어 슈퍼커패시터 성능에 영향을 줄 수 있다. 이러한 단점을 해결하기 위하여 바인더 혼합물의 최적화 비율로 전극을 제조하여 젖음성과 전해질 이온의 접근 용이성을 개선하고 있다. 또한, 바인더의 높은 함량은 낮은 전도도와 활성표면적의 감소를 유발하므로 현재의 전극 재료의 전기화학적 활성화를 위하여 바인더가 없는 전극(binder-free electrode)을 개발하는 연구가 진행되고 있다.

5. 분리막(separator)

분리막은 집전체와 바인더와 함께 슈퍼커패시터의 수동구성요소이다. 슈퍼커패시터 전극의 성능을 향상시키기 위한 많은 연구들이 진행되고 있으나 분리막에 관한 연구는 많이 진행되지 못하고 있다. 그러나 잘못 설계된 분리막은 추가 저항을 유발시킬 수 있어 슈퍼커패시터 성능에 부정적인 영향을 미칠 수 있고, 이는 전지를 단락시킬 수 있다. 축전용량에는 직접적인 영향을 주지 않지만 두 개의 전극사이에서 존재하여 전극끼리의 물리적 접촉을 방지하고 전극사이의 전자의 전달을 촉진한다. 슈퍼커패시터용 분리막은 다음과 같은 사항을 고려되어야 한다.

(1) 다공성 및 이온전달능력
(2) 전기절연성
(3) 화학적/전기화학적 불활성
(4) 기계적 강도
(5) 전해질과의 친화성
(6) 내열성

분리막으로 많이 사용되는 소재에는 PP, PVDF, PTFE, 셀룰로오스계(셀룰로오스 질산염, 셀룰로오스 아세테이트 등), 유리섬유, Celgard, Nafion, 산화 그래핀 등이 있다. 고성능 슈퍼커패시터 개발을 위하여 분리막은 다공성 구조, 경량, 우수한 기계적 강도, 친수성, 난연성, 높은 이온 전도도 등의 특성을 가져야 한다. 분리막의 이온 전도성은 분리막의 기공도 및 전해질 흡수율(electrolyte uptake)에 영향을 받는다. 높은 이온 전도성을 갖는 분리막은 전해질 흡수율이 크고, 높은 에너지 및 출력 밀도를 나타낸다. 반면 분리막의 기계적 강도는 기공도에 따라 달라지며, 기공도가 최적 값 이상으로 증가하면 인장 강도가 감소하기 시작하기 때문에 기공도를 조절할 필요가 있다. 이외에도 분리막은 우수한 치수안정성 및 전기화학적 안정성을 가져야 한다. 또한 단락 시 장치 내부 온도가 짧은 시간에 100도 이상으로 도달하여 장치의 파열이 일어날 수 있기 때문에 분리막은 우수한 내열성을 가지고 있어야 한다.

참고문헌

1. A. González et al., Review on supercapacitor: technologies and materials, *Renew. Sust. Energ. Rev.*, 58, 1189-1206 (2016).
2. C. Zhong et al., A review of electrolyte materials and compositions for electrochemical supercapacitors, *Chem. Soc. Rev.*, 44, 7484-7539 (2015).
3. A. Muzaffar et al., A review on recent advances in hybrid supercapacitors: Design, fabrication and applications, *Renew. Sust. Energ. Rev.*, 101, 123-145 (2019).
4. D. Guo et al., Nanoarrays: design, preparation and supercapacitor applications, *RSC Adv.*, 5, 55856-55869 (2015).
5. W.K. Chee et al., Flexible graphene-based supercapacitors: a review, *J. Phys. Chem. C*, 120, 4153-4172 (2016).
6. N. Devillers et al., Review of characterization methods for supercapacitor modelling, *J. Power Sources*, 246, 596-608 (2014).
7. H. Fan et al., Fe_3O_4@carbon nanosheets for all-solid-state supercapacitor electrodes, *ACS Appl. Mater. Interfaces*, 8, 19475-19483 (2016).
8. Q. Ke et al., Graphene-based materials for supercapacitor electrodes e A review, *J. Materiomics*, 2, 37-54 (2016).
9. Poonam et al., Review of supercapacitors: materials and devices, *J. Energy Storage*, 21, 801-825 (2019).
10. Z. Yang et al., Carbon nanotube- and graphene-based nanomaterials and applications in high-voltage supercapacitor: A review, *Carbon*, 141, 467-480 (2019).
11. S. Saha et al., A review on the heterostructure nanomaterials for supercapacitor application, *J. Energy Storage*, 17, 181-202 (2018).
12. Z. Bi et al., Biomass-derived porous carbon materials with different dimensions

for supercapacitor electrodes: a review, *J. Mater. Chem. A*, 7, 16028-16045 (2019).

13. L. Liu et al., Review on nanoarchitectured current collectors for pseudocapacitors, *Small Methods*, 3, 1800341 (2019).
14. Q. Lu et al., Nanostructured electrodes for high-performance pseudocapacitors, *Angew. Chem. Int. Ed.*, 52, 1882-1889 (2013).
15. L. Feng et al., Recent progress in nickel based materials for high performance pseudocapacitor electrodes, *J. Power Sources*, 267, 430-444 (2014).
16. H. Wang et al., $Ni(OH)_2$ Nanoplates grown on graphene as advanced electrochemical pseudocapacitor materials, *J. Am. Chem. Soc.*, 132, 7472-7477 (2010).
17. R. Chen et al., The development of pseudocapacitor electrodes and devices with high active mass loading, *Adv. Energy Mater.*, 10, 1903848 (2020).
18. T.F. Yi et al., Porous spherical $NiO@NiMoO_4@PPy$ nanoarchitectures as advanced electrochemical pseudocapacitor materials, *Sci. Bull.*, 65, 546-556 (2020).
19. X.H. Xia et al., Mesoporous Co_3O_4 monolayer hollow-sphere array as electrochemical pseudocapacitor material, *Chem. Commun.*, 47, 5786-5788 (2011).
20. Q. Jiang et al., All pseudocapacitive MXene-RuO_2 asymmetric supercapacitors, *Adv. Energy Mater.*, 8, 1703043 (2018).
21. K. Krishnamoorthy et al., Ruthenium sulfide nanoparticles as a new pseudocapacitive material for supercapacitor, *Electrochim. Acta*, 227, 85-94 (2017).
22. H.W. Nam et al., Binder-free honeycomb-like $FeMoO_4$ nanosheet arrays with dual properties of both battery-type and pseudocapacitive-type performances for supercapacitor applications, *J. Energy Storage*, 27, 101055 (2020).
23. S. Sahoo et al., Hydrothermally prepared α-MnSe nanoparticles as a new pseudocapacitive electrode material for supercapacitor, *Electrochim. Acta*, 268, 403-410 (2018).
24. B.M. Lee et al., Fabrication of porous carbon beads from polyacrylonitrile as

electrode materials for electric double-layer capacitors, *Carbon Lett.*, 31, 67-74 (2021).

25. B.M. Lee et al., Cellulose non-woven fabric-derived porous carbon films as binder-free electrodes for supercapacitors, *Cellulose*, 26, 4529-4540 (2019).
26. B.M. Lee et al., Eco-friendly fabrication of porous carbon monoliths from water-soluble carboxymethyl cellulose for supercapacitor applications, *J. Ind. Eng. Chem.*, 82, 367-373 (2020)
27. T. Liu et al., Polyaniline and polypyrrole pseudocapacitor electrodes with excellent cycling stability, *Nano Lett.*, 14, 2522-2527 (2014).
28. S. Alipoori et al., Review of PVA-based gel polymer electrolytes in flexible solid-state supercapacitors: opportunities and challenges, *J. Energy Storage*, 27, 101072 (2020).
29. P. Yang et al., Flexible solid-state electrochemical supercapacitors, *Nano Energy*, 8, 274-290 (2014).
30. L. Zhang et al., A review of redox electrolytes for supercapacitors, *Front. Chem.*, 8, 413 (2020).
31. K. K. Kar, “Handbook of nanocomposite supercapacitor materials I”, Springer (2020).
32. K. K. Kar, “Handbook of nanocomposite supercapacitor materials II”, Springer (2020).
33. F. Beguin and E. Frackowiak, “Supercapacitors: materials, systems, and applications”, Wiley (2013).
34. M. A. Scibioh and B. Viswanathan, “Materials for supercapacitor applications”, Elsevier (2020).
35. A. Gonzalez et al., Review on supercapacitors: Technologies and materials, *Renew. Sus. Energy Rev.*, 58, 1189 (2016).
36. Poonam et al., Review of supercapacitors: Materials and devices, *J. Energy Storage*, 21, 801 (2019).